MIX
Papier aus verantwortungsvollen Quellen
Paper from responsible sources
FSC® C105338

Ueli Zberg

Experimentiertests im Physikunterricht

Eine Alternative zu schriftlichen Leistungstests?

Diplomica® Verlag GmbH

Zberg, Ueli: Experimentiertests im Physikunterricht: Eine Alternative zu schriftlichen Leistungstests? Hamburg, Diplomica Verlag GmbH 2013

ISBN: 978-3-8428-8733-6
Druck: Diplomica® Verlag GmbH, Hamburg, 2013

Bibliografische Information der Deutschen Nationalbibliothek:
Die Deutsche Nationalbibliothek verzeichnet diese Publikation in der Deutschen Nationalbibliografie; detaillierte bibliografische Daten sind im Internet über http://dnb.d-nb.de abrufbar.

Die digitale Ausgabe (eBook-Ausgabe) dieses Titels trägt die ISBN 978-3-8428-3733-1 und kann über den Handel oder den Verlag bezogen werden.

Für meine drei Söhne.

Inhaltsverzeichnis

Ich bedanke mich zunächst beim Zentrum für Naturwissenschafts- und Technikdidaktik der Pädagogischen Hochschule FHNW, insbesondere bei Prof. Peter Labudde, für die Ermöglichung der vorliegend Studie im Zusammenhang mit einem aktuellen internationalen Forschungsprojekt.

Besonderer Dank gebührt Herrn Johannes Börlin, der mich unterstützt und mich mit wertvollen Hinweisen und Material versorgt hat. Herrn Prof. Roland Reichenbach danke ich herzlich für das entscheidende kurze Gespräch in einer Phase des Zweifelns.

Meiner Familie danke ich besonders für das mir entgegengebrachte Verständnis, das zu gewissen Zeiten während der Erstellung einer wissenschaftlichen Arbeit nötig ist.

1. Einleitung

Die vorliegende Untersuchung basiert auf erhobenen Daten und Untersuchungen der trinationalen Studie „*Quality of Instruction in Physics Education*“ (QuIP). Ziel dieses Forschungsprojektes ist die wissenschaftliche Beantwortung von Fragen hinsichtlich der Qualität des Physikunterrichtes von Jugendlichen aus den drei beteiligten Ländern Finnland, Deutschland und der Schweiz. Den Ausgangspunkt der Fragestellungen von QuIP bildeten die Ergebnisse der PISA[1] – Studien der Jahre 2000 bis 2006 (OECD, 2007), welche den finnischen Schülerinnen und Schülern eine signifikant höhere Leistung im Schulfach Physik attestierten im Vergleich zur deutschen und schweizerischen Stichprobe.

Besonderes Interesse bilden in den nachfolgenden Ausführungen zwei makrostrukturelle Faktoren von Schulleistung. Ich werde einerseits die Geschlechterzugehörigkeit hinsichtlich Schul- und Leistungserfolg im Unterrichtsfach Physik hinterfragen. Anderseits werde ich nach der Wechselwirkung zwischen Schulleistung und Schultyp im Physikunterricht fragen.
Ein persönliches Motiv für die Themenwahl dieser Arbeit bilden meine eigenen Erfahrungen als Lehrperson auf der Sekundarstufe I im mathematisch–naturwissenschaftlichen Bereich. Ich habe selbst während 8 Jahren als Klassenlehrer auf der Realschulstufe gearbeitet und vermittelte in dieser Funktion auch das Fach Naturlehre. Zudem habe ich als Schulleiter auf der Sekundarstufe I Einblicke in ein Konzept geschlechtergetrennten Unterrichtens im Naturlehre – Unterricht gewinnen können.

1.1. Problemstellung und Ziele

Meine Untersuchung ist einem Themengebiet zuzuordnen, das sich auf einen fachdidaktischen Aspekt des Physikunterrichts konzentriert, nämlich auf das praktische Experimentieren mit Schülerinnen und Schülern. Im Speziellen

---

[1] PISA: Akronym von *"Programme for International Student Assessment"*, ein Instrument für internationale Schulleistungsuntersuchungen der Organisation für wirtschaftliche Zusammenarbeit und Entwicklung OECD, durchgeführt seit 2000.

untersuche ich nachfolgend, ob und wie Experimentiertests eingesetzt werden können um in einer Vergleichsstudie Aussagen über die Schülerleistung und über spezifische Voraussetzungen des Unterrichts zu machen.

Davon ausgehend interessiert mich insbesondere die Frage, ob das Ausmass der Kompetenz naturkundlichen Verständnisses von Jugendlichen in einem Experimentiertest aussagekräftig abgebildet werden kann. Ich werde untersuchen, ob sich die Ergebnisse des Experimentiertests mit den Ergebnissen aus den schriftlichen Leistungserhebungen decken. Hier wird insbesondere die Frage interessieren, ob die Stichprobe der finnischen Schülerinnen und Schüler innerhalb QuIP und insbesondere im Rahmen des Experimentiertests die herausragenden Resultate in den PISA Studien reproduzieren kann. Die Frage wird zudem zu stellen sein, welcher Art die Kompetenzen sind, welche heute in vergleichenden Studien gemessen werden.

Zusätzlich zu den bereits erwähnten Aspekten wird meine Arbeit versuchen Antworten zu finden auf die Frage der generellen Relevanz vergleichender Studien hinsichtlich des Unterrichtserfolges von Schülerinnen und Schülern. Die öffentlichen Schulsysteme grosser Teile der modernen Welt werden seit geraumer Zeit und ausgehend von supranationalen Organisationen wie der OECD oder der UNESCO hinsichtlich Schulleistungserfolges und Kompetenz – Zuwachsraten analysiert. Auf diese Weise gesammelte Daten dienen unter anderem dem Leistungsvergleich zwischen den Nationalstaaten. Damit ist der Wettbewerbscharakter von vergleichenden Schulleistungstests offensichtlich. Es kann zwar im Rahmen des fokussierten Vorhabens meiner Arbeit nicht darum gehen, die Auswirkungen von *Education Governance* (vgl. Uwe Schimank in Benz, 2007) aus der Perspektive von politischer Schulführung zu untersuchen. Dennoch möchte ich es nicht unterlassen, allfällige Hinweise auf diesbezüglich fragwürdige (Teil-)Ergebnisse meiner Untersuchung aufzuzeigen (vgl. Kap. 2.1 und Kap. 5).

Damit ergibt sich die Überleitung zu meiner vorläufigen These der vorliegenden Arbeit. Ich werde weniger die fachdidaktischen Komponenten und die Methodik des Physikunterrichts reflektieren, sondern vielmehr versuchen, sozioökonomische Faktoren des gelingenden Unterrichts am exemplarischen Beispiel der trinationalen Vergleichsstudie QuIP aufzuzeigen. Ich werde versuchen, die soziologischen Konstrukte der Chancengleichheit, der Geschlechterfrage und der Statuszugehörigkeit im Hinblick auf den untersuchten Experimentiertest im Physikunterricht gleichsam exemplarisch zu hinterfragen.

1.2. Thematische Eingrenzung

Das Experiment im naturwissenschaftlichen Unterricht, namentlich im Physikunterricht, geniesst eine lange Tradition in der Geschichte der Schule. Wenn im Unterricht experimentiert wird, dann bezeichnet man damit das handelnde Tun am Gegenstand eines didaktisch aufbereiteten Themas. Das kann einerseits in Form einer Demonstration (Lehrerexperiment) oder aber in Form von Einzel- und Gruppenarbeit durch die Schülerinnen und Schüler selbst erfolgen (Schülerexperiment). Der Begriff Experiment ist damit aber längst nicht hinreichend differenziert. Es zeigt sich, dass das Experimentieren im Verlauf der Unterrichtsgeschichte selbst zu einem Lehr- und Lerngegenstand geworden ist. Neben fachdidaktischen Aspekten gelangten zunehmend auch wissenschaftstheoretische Überlegungen in die Diskussion über die adäquate Verwendung des Experiments im Physikunterricht. Eine aktuelle fachdidaktische Sichtweise geht auf den kritischen Konstruktivismus zurück, der im Anschluss an die rationale Wende im Deutschland der Nachkriegszeit entstand.

Basierend auf Klafkis Bildungstheorie entstand seit den 1960-er Jahren die bildungstheoretische Didaktik, welche u.a. mittels eines Perspektivenschemas versucht, die unterrichtlichen Inhalte in verschiedenen Dimensionen zu analysieren. Unterrichtsprinzipien wie *Exemplarisches Lehren und Lernen*, *Handlungsorientiertes Lernen* sowie *Verbindung von sachbezogenem und sozialem Lernen* beeinflussten vornehmlich die Debatte in der Naturwissenschaftsdidaktik zu Gunsten der Propagierung des experimentierenden Forschens im Unterricht (vgl. Berner, 1999). Aus wissenschaftstheoretischer Sicht sollen Schulexperimente „... dazu beitragen, relevante Aspekte des Erkenntnisprozesses zu illustrieren. Als besonders wichtig wird in dem Zusammenhang die Verbindung zwischen den physischen und mentalen Handlungen erachtet." (vgl. Duit und Tesch, in Vorb. und Millar et al. 2002, zit. nach Börlin, in Vorb.).

Die vorliegende Untersuchung muss sich darauf beschränken, den Prozess der Aufgabengenerierung für den verwendeten Experimentiertest nachzuzeichnen. Die Konstruktion von geeigneten Aufgabenstellungen im Bereich des experimentierenden Handelns im Physikunterricht stellt indessen einen eigenständigen Forschungs- und Untersuchungsbereich dar (vgl. Ruiz-Primo / Shavelson, 1996).

1.3. Forschungsabsicht

Das Erkenntnisinteresse der vorliegenden Arbeit fokussiert auf die Analyse vorliegender Untersuchungsdaten aus einem durchgeführten Experimentiertest bei rund hundert Schulklassen in den beteiligten Ländern Finnland, Deutschland und der Schweiz. Ich skizziere den zugrunde liegenden Forschungsprozess lediglich aus der Beobachterperspektive. Da ich selbst nicht an der Konstruktion des Forschungsdesigns, der Vorbereitung, Durchführung und Nachbereitung der Studie beteiligt war, analysiere ich den (Teil-) Forschungsprozess also im Nachhinein. Dies hat einige Einschränkungen und Restriktionen für mein Arbeitsvorhaben zur Folge:

1. Ich habe keinen Einfluss auf die Generierung der durchgeführten Tests. Vielmehr noch, ich übernehme gemachte Annahmen und theoretische Bezüge zur Test – Konstruktion und beurteile diese im Nachgang der Untersuchung.
2. Die Auswahl, Begründung und Verteilung der Gesamt-, sowie der Teilstichproben in den Partnerländern können ebenfalls nur nachvollziehend beschrieben werden. Eine diesbezügliche Dokumentation liegt indessen in der Dissertation von Johannes Börlin (Börlin, in Vorb.) in übersichtlicher Form vor.
3. Die Situierung der mich interessierenden Daten in einer umfassenden internationalen Vergleichsstudie hat zur Folge, dass zahlreiche

interessante Forschungsfragen bereits gestellt worden sind zur durchgeführten Erhebung. Die Einschränkung auf die Daten des Experimentiertests, der noch nicht ausgewertet wurde, drängt sich indessen auf.

In der vorliegenden Studie geht es also vor allem darum, eine bestehende Lücke im Forschungsprozess zu besetzen. Diese besteht innerhalb der betreffenden Studie QuIP hauptsächlich in der Untersuchung der Resultate des durchgeführten Experimentiertests.

Im Vorfeld zur quantitativen Untersuchung der Daten aus dem Experimentiertest werde ich mit meiner Arbeit versuchen, Antworten auf die Frage nach Funktion und Zielsetzung der Unterrichtsform „Experimentieren im Physikunterricht“ zu finden. Dies wird in einem theoretischen Teil durch Analyse ausgewählter Literatur erfolgen. Vornehmlich interessieren mich der allgemeindidaktische Ansatz von Wolfgang Klafki sowie die fachdidaktischen Grundlagen von Martin Wagenschein und seiner Rezeption.

Teil I des vorliegenden Buches widmet sich somit der Aufarbeitung des konstruktivistischen Ansatzes aus pädagogischer Sicht, vornehmlich seiner Anwendung im Physikunterricht. Teil II fokussiert die Untersuchung der erhobenen Daten aus dem Experimentiertest hinsichtlich der Perspektiven *Geschlechterzugehörigkeit* und *Chancengleichheit*.

2. Theoretische Bezüge

Wozu braucht die moderne Schule überhaupt einen naturkundlichen Unterricht? Sind naturwissenschaftliche Bildungsziele relevant für die heutige Gesellschaft? Diese beiden Fragen sollen einleitend zum theoretischen Teil eine Provokation auslösen.

Mit Bezugnahme auf Martin Wagenscheins didaktischen Ansatz eines zeitgemässen naturwissenschaftlichen Unterrichts hat Ueli Aeschlimann in seiner Dissertation „*Mit Wagenschein zur Lehrkunst*“ festgehalten:

> „Ein ehemaliger Physikprofessor und Präsident der New Yorker Akademie der Naturwissenschaften zieht folgendes Fazit: 90% der Amerikaner und Amerikanerinnen haben von Naturwissenschaft keine Ahnung. Die Schüler und Schülerinnen vergessen das mühsam erarbeitete Wissen über Physik und Chemie sofort wieder, wenn sie die Schule beendet haben. Jürgen Oelkers, Pädagogikprofessor in Bern, sagt dazu: „Wenn man so weitermacht, sind die hohen Anstrengungen der Schule relativ vergeblich“ Er fordert deshalb, den naturwissenschaftlichen Unterricht zu verbessern, „...indem er vermehrt Vorgänge des alltäglichen Lebens durchsichtig macht. Das wäre vielversprechender als nur Formeln auswendig zu lernen.“
> In einer technisch geprägten Welt gehören meiner Ansicht nach Kenntnisse aus der Naturwissenschaft zur Allgemeinbildung. Unseren komfortablen Lebensstil und auch viele Arbeitsplätze verdanken wir letztlich den Erkenntnissen der Naturwissenschaften. Im Unterricht geht es aber darum, die Naturwissenschaft als Teil der Allgemeinbildung zu sehen. Es geht nicht darum, Physiker und Chemiker auszubilden, die konkrete Probleme berechnen können, sondern es geht darum, an ausgewählten Themen zu zeigen, wie sich Physik und Chemie mit der Natur auseinandersetzen und welche Konsequenzen das für unser Leben und Denken hat. Dafür hat sich Wagenschein eingesetzt, und von Hentig sagt zu recht: „Wir brauchen in Deutschlands Schulen nichts dringender als Wagenscheins Pädagogik.“ Die Diskussion um eine Veränderung des von Stofffülle geprägten Physik- und Chemieunterrichts hin zu einem exemplarischen Unterricht, der „Vorgänge des täglichen Lebens durchsichtig macht“ (Oelkers, siehe oben), der durch die Verbindung zur Alltagswelt „einen emotionalen Bezug zum Lerngegenstand herstellt“ (Labudde 1997), hat zu Beginn unseres Jahrhunderts mit Kerschensteiner angefangen und ist auch heute immer noch aktuell.“ (Aeschlimann 1999, S. 194)

Es wurden hier also Forderungen benannt, die naturkundliche Unterrichtspraxis zu überdenken und damit den Unterrichtserfolg zu beeinflussen, zu reformieren und nachhaltig zu verbessern. Damit ist der Stellenwert von naturwissenschaftlichem Unterricht, respektive der damit zu erzielenden Bildungsinhalte vorgezeichnet: Es geht heute immer mehr darum, gezielt zu investieren in eine breite allgemeine Bildung, die auch Teile unserer modernen, durch Technologie geprägten Welt begreifbar macht. Ein damit verbundenes modernes Demokratieverständnis unterstützt diesbezügliche Steuerungsabsichten: Nur wer die Grundlagen unserer modernen Welt wenigstens teilweise versteht, kann auch mitdenken in politischen Prozessen, um beispielsweise Chancen und Risiken moderner Technologien oder dem Abbau natürlicher Ressourcen gegeneinander abwägen.

2.1. Zusammenhänge und Begrifflichkeit

2.1.1. Die historischen Quellen des Experiments

Während bereits im 17. Jahrhundert die Orientierung am (naturwissenschaftlichen) Experiment zum Fundament westlicher Bildung wurde und als Grundlage aller Erkenntnis gegolten haben mag (vgl. Bacon 1620), scheint die postindustrielle Welt von heute immer noch an diesem Paradigma festzuhalten.

> „Der Mensch, der Diener und Ausleger der Natur, wirkt und weiß so viel, als er von der Ordnung der Natur durch Versuche oder durch Beobachtung bemerkt hat; weiter weiß und vermag er nichts."
> „Zwei Wege gibt es zur Untersuchung und Auffindung der Wahrheit – es kann nicht mehrere geben. – Der eine ist ein Sprung von der sinnlichen Wahrnehmung und von Einzelnen zu höchst allgemeinen Grundsätzen; aus diesen höchsten Wahrheiten werden sodann die Mittelsätze aufgefunden; dieser Weg ist der jetzt gewöhnliche. Der andre leitet von der sinnlichen Wahrnehmung und vom Einzelnen ebenfalls Grundsätze her; aber er steigt dann allmählich und stufenweise höher, bis er erst ganz zuletzt zu den allgemeinsten, höchsten gelangt – das ist der wahre Weg, aber noch unbetreten." (Bacon 1620 / Brück 1974).

In diesem Ausschnitt aus „*Novum Organum scientiarum*" erscheint bereits das Paradigma der Industriellen Revolution herauf, das es der westlichen Welt möglich gemacht hat, die Naturgesetze dem Menschen zu eigen zu machen.

In der Nachfolge der Industriellen Revolution entstand bekanntlich die moderne Zivilisation mit ihren technischen Errungenschaften.

Im pädagogischen Kontext wurde mit Bacon und anderen seiner Zeit die Grundlage für den Physikunterricht der Moderne gelegt. Das Experiment als Grundlage des empirisch gesicherten Wissens wurde in jener Zeit begründet. Nun ist aber das Experiment im Rahmen der wissenschaftlichen Erkenntnisbildung nicht dasselbe wie das Experimentieren als unterrichtliches Prinzip. Im naturwissenschaftlichen Unterricht spielt das Experiment als didaktische Lehr- und Lernform oftmals die Rolle eines nachvollziehenden Konstrukts (vgl. Bruggmann 2011). Es wird von Lehrpersonen versucht, den Schülerinnen und Schülern wissenschaftsgeschichtliche Erkenntnis gleichsam zum Nacherleben aufzubereiten.

2.1.2. Fachdidaktische Prinzipien

Moderne fachdidaktische Prinzipien gehen von konstruktivistischen Ansätzen aus. In der Physikdidaktik spielen die Erkenntnisse von Martin Wagenschein eine wichtige Rolle. Sein Ansatz einer genetisch – sokratisch – exemplarischen Methode fand breite Rezeption und mannigfaltige Weiterentwicklungen. Insbesondere Wolfgang Klafkis kritisch- konstruktive Didaktik als Anwendungsgebiet der kritisch-konstruktiven Erziehungs-wissenschaft weist mehrfache Wechselwirkung mit den Arbeiten Wagenscheins auf. Die Methode Wagenscheins findet ihre vorläufige Ausdifferenzierung in der Lehrkunstdidaktik, die das Element der Dramaturgie in den didaktischen Prozess der Unterrichtsgestaltung miteinbezieht (vgl. Aeschlimann 1999). Es geht bei dieser Methodik darum, dem schwierigen Schritt des „verstehen Lernens“ eine sinnvolle Hilfestellung im Sinne von Platons Blickwendung (vgl. Benner / Stepkowski 2011) hinzuzufügen. Exemplarisch sind Lehrinhalte, wenn sie zu nachhaltigem Nachdenken über Ursachen und Zusammenhänge in der Menschheits- und Wissenschaftsgeschichte angeregt haben. Genetisch sind die Lehrgegenstände, wenn sie die Lernenden dazu anregen (oder bestenfalls gar dazu zwingen), den Lernweg selbst beschreiten zu müssen. Verständnis ist nur für diejenigen möglich, die sich des Verstehens aus eigener Kraft ermächtigt haben. Und als dramaturgisch schliesslich werden Lehrinhalte aufbereitet mit dem Ziel, eine gelenkte und regietechnisch durchdachte und begründete Abfolge von Schritten einer Inszenierung des geplanten Wissensgewinns für die Lernenden zu schaffen. Dies ist vergleichbar mit der Regieführung im Theater oder im Film.

In den Naturwissenschaften geniesst das Experiment seit jeher einen besonders wichtigen Stellenwert unter den Methoden. Ein Experiment beschreibt generell eine spezifische Fragestellung an die Natur. Mittels Beobachtung, Beschreibung und Überprüfung werden Antworten gesucht. Naturwissenschaftliche Hypothesen werden meist experimentell überprüft. Mittels gesammelter und protokollierter Daten werden aus den Ergebnissen Schlussfolgerungen gezogen, die zu neuen Erkenntnissen führen können. Auch im Unterricht spielt das Experiment eine wichtige Rolle. Während in früherer Zeit oftmals das Experiment als Demonstrationszweck durch die Lehrperson ausgeführt wurde, ist die Fachdidaktik heute vermehrt der Ansicht, dass Experimente die von Schülerinnen und Schülern selbst ausgeführt werden, bessere Lernergebnisse ermöglichen.

2.1.3. Kompetenzmodelle

Im Kompetenzmodell Naturwissenschaften der nationalen Bildungsstandards (EDK 2011) sind in Anlehnung an Weinert drei Dimensionen des Kompetenzbegriffs (vgl. Weinert 2001) aufgeführt, nämlich Handlungsaspekte, Themenbereiche und Niveaus, vgl. Abb 2.1.

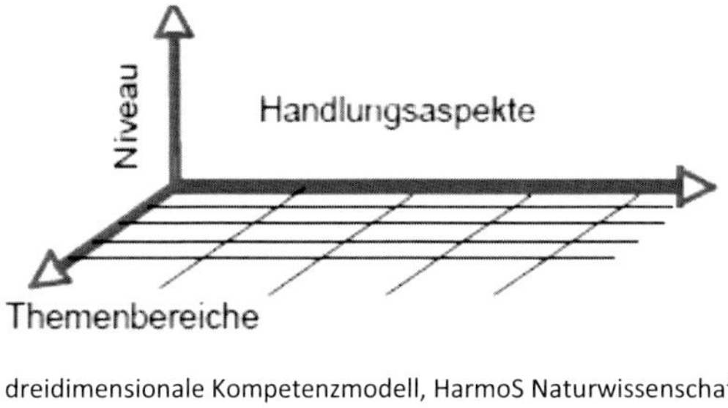

Abbildung 2.1 - Das dreidimensionale Kompetenzmodell, HarmoS Naturwissenschaften+

In der ersten Dimension wird unter „Handlungsaspekte" explizit die Kompetenzfacette „Fragen und untersuchen" aufgeführt. Je nach beschriebenem Themenbereich und entsprechendem Kompetenzniveau wird unter diesem Handlungsaspekt mehrfach das experimentelle Handeln der Kinder und Jugendlichen beschrieben. Genannt werden folgende Teilaspekte:

- Bewusst wahrnehmen: Phänomene (Lebewesen, Gegenstände, Situationen, Prozesse) aufmerksam betrachten, genauer erkunden, beobachten, beschreiben und vergleichen.
- Fragen, Probleme und Hypothesen aufwerfen, um Beobachtungen, Entdeckungen und technische Konstruktionen zu ermöglichen und zu steuern.
- Geeignete Werkzeuge, Instrumente und Materialien auswählen und verwenden für Erkundungen, Untersuchungen, Experimente und technische Konstruktionen.
- Erkundungen, Untersuchungen oder Experimente durchführen: Fragen und Probleme aufgrund von Beobachtungen und Vorkenntnissen aufwerfen, Erkundung, Untersuchung oder Experiment planen und durchführen, Daten sammeln und auswerten, Hypothesen überprüfen bzw. Sachverhalte und Regelhaftigkeiten erkennen und festhalten.
- Über Ergebnisse und Untersuchungsmethoden nachdenken: Ergebnisse und Schlussfolgerungen aus Untersuchungen, Erkundungen und Experimenten beurteilen und bewerten, Frage- und Problemstellungen, Versuchsanlagen, Untersuchungs- und Messmethoden sowie technische Konstruktionen reflektieren, hinterfragen und dazu Verbesserungen vorschlagen. (vgl. EDK 2011).

In diesem Zusammenhang wird deutlich, dass es eigentlich ausschliesslich um die Beschreibung von Schüleraktivitäten geht. Das vorliegende Kompetenzmodel geht ganz bewusst von „ich kann…“ – Formulierungen aus um die jeweiligen Fertigkeiten und Lerngewinne der Schülerinnen und Schüler zu beschreiben.

Die Hypothese zu diesen Setzungen lautet demzufolge, dass ein naturwissenschaftlicher Unterricht mit einem hohen Anteil an experimenteller Tätigkeit der Kinder und Jugendlichen einen entsprechend hohen Lerngewinn verspricht. Und dieser wiederum sei messbar, auch in vergleichenden Schulleistungstests, so lautet die Annahme.

2.1.4. Schulleistungserhebungen

> „PISA ist das umfassendste und weitreichendste internationale Programm zur Erfassung von Schülerleistungen und Daten über schülerspezifische, familiäre und institutionelle Faktoren, die zur Erklärung von Leistungsunterschieden herangezogen werden können." (OECD 2007, 10)

Im Jahr 2006 ging der erste Zyklus der internationalen Vergleichsstudie PISA der OECD zu Ende. Im Abstand von 3 Jahren wird jeweils ein anderer Schwerpunkt im Abschlussjahrgang der obligatorischen Schulzeit der verglichenen Schulsysteme getestet. 2006 waren die Naturwissenschaften das erste Mal schwerpunktmässig getestet worden. Die Fachbereiche Lesekompetenz und Mathematik wurden dabei als Nebenkategorien erhoben.

Internationale Schulleistungstests machen Aussagen zum Stellenwert schulischer Ziele in einer Gesellschaft. Seit der ersten PISA Studie im Jahr 2000 waren dies die drei bereits benannten Kompetenzbereiche Mathematik, Naturwissenschaften und Lesekompetenz. Den Schweizer Jugendlichen wird in der Auswertung der PISA Studie 2006 ein gutes Ergebnis in den Naturwissenschaften attestiert. Der Zusammenhang zwischen sozioökonomischem Hintergrund und der ermittelten Leistung war signifikant positiv. Ebenso wurde eine statistisch signifikante Abhängigkeit der Leistungen vom Geschlecht der Jugendlichen ermittelt: Schweizer Mädchen erzielten eine geringere Leistung im Vergleichstest als ihre gleichaltrigen männlichen Schulkollegen. Das naturwissenschaftliche Interesse und die Einstellung zu den Naturwissenschaften waren bei den Schweizer Schülerinnen und Schülern des Abschlussjahrgangs vergleichsweise niedrig. Die Zielsetzungen der OECD im Zusammenhang mit der internationalen Vergleichsstudie PISA fokussieren insbesondere auf die Kernbereiche *Grundbildungskonzept*, *Untersuchte Altersgruppe* und *Relevanz für das lebenslange Lernen*:

- „... PISA definiert den Erhebungsbereich Naturwissenschaften ... nach der Beherrschung ... von Kenntnissen und Fähigkeiten, die für eine aktive Teilhabe an der Gesellschaft benötigt werden.
- Mit der Beurteilung der Leistungen 15-Jähriger, d.h. junger Menschen gegen Ende ihrer Pflichtschulzeit, liefert PISA wichtige Indikatoren für die globale Leistungsfähigkeit von Schulsystemen.

- PISA beschränkt sich nicht auf die Beurteilung von Kenntnissen und Fähigkeiten der Schülerinnen und Schüler, sondern befragt diese auch nach ihrer Lernmotivation, ihrer Selbsteinschätzung und ihren Lernstrategien sowie ihren Zielen in Bezug auf künftige Studien und Berufsaussichten.“ (OECD 2007, 64)

Die supranationalen Steuerungsorgane der OECD postulieren, hinsichtlich Effektivität und Effizienz von nationalen Bildungssystemen über Verfahren und Instrumente zu verfügen, deren Messresultate eine transparente Sicht und die Kontrolle über sowohl zwischenstaatliche als auch innerstaatliche Parameter für die künftige Ausrichtung von Bildungssystemen erlauben.

2.2. Das Experiment: Theorie und Schulpraxis

Es gibt prinzipiell drei Grundziele von naturwissenschaftlichem Unterricht: Erstens die Rekonstruktion naturwissenschaftlicher Methoden, zweitens die Vermittlung der Vorstellung von naturwissenschaftlichem Forschen und drittens das Lernen mithilfe von Experimenten. Hodson hat diese Kategorien wie folgt benannt:

- learning science
- learning about science
- doing science (Hodson 1993, zit. nach Tesch 2004, 52).

Das Experimentieren im Unterricht dient also unterschiedlichen Zwecken. Mehr noch werden die Ziele experimenteller Tätigkeit in der Schule beeinflusst durch die subjektiven Einstellungen der Lehrpersonen gegenüber den entsprechenden Unterrichtszielen. Eine 1998 in Europa durchgeführte Delphi-Studie[2] konnte zeigen, welche Ziele Lehrpersonen mit dem Experimentieren in der Sekundarstufe II und der Universität verbinden:

- Verbindung von Theorie und Praxis

---

[2] Eine Delphi-Studie ist ein systematisches, mehrstufiges Befragungsverfahren bzw. eine Schätzmethode, die dazu dient, zukünftige Ereignisse, Trends und technische Entwicklungen möglichst gut einschätzen zu können. Der Name stammt aus dem antiken Orakel von Delphi.
(Quelle: http://de.wikipedia.org/wiki/Delphi-Studie)

• Experimentelle Fähigkeiten
• Methoden wissenschaftlichen Denkens
• Motivation, Entwicklung der Persönlichkeit und der sozialen Kompetenz
• Überprüfung von Wissen (vgl. Welzel et al, 1998, zit. nach Tesch 2004).

Es fällt auf, dass Lehrpersonen gemäss dieser Studie ihre Zielvorstellungen des Unterrichts dem Fachbereich gemäss fokussieren. Es kommt demzufolge im Unterricht zu verschiedenartigen Experimentiersituationen, die unterschiedlichen Zielen dienen. Es gilt zu beachten, dass auch beim Erlernen naturwissenschaftlicher Denk- und Arbeitsweisen das Prinzip des exemplarischen Lernens gelten sollte, ohne sich dabei auf eine methodische Monokultur zu beschränken (vgl. Tesch 2004, S. 52).

Vor allem das Lernen mithilfe von naturwissenschaftlichen Experimenten verlangt eine sorgfältige Verschränkung von theoretischen und praktischen Phasen für die Tätigkeiten von Schülerinnen und Schülern. Aus einem derartigen didaktischen Wechselspiel sind die besten Lernleistungen zu erwarten.

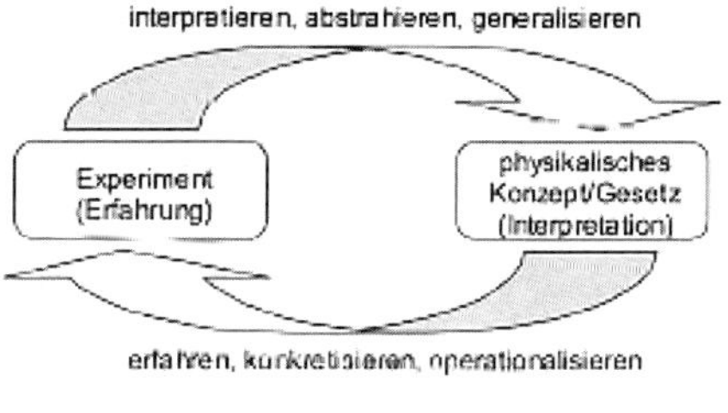

Abbildung 2.2 - Das Verhältnis von Experiment und physikalischem Konzept/Gesetz

Für den Lernerfolg im naturwissenschaftlichen Unterricht scheint also die subtile Balance zwischen Theorie und Experiment massgeblich zu sein. Das angeleitete Lernen und die eigenständigen Phasen wie Exploration und Diskussion der Experimente sollten ausgewogen sein. Durch das Experimentieren werden Lerngelegenheiten geschaffen, die erst durch eine Einbindung in das übrige Unterrichtsgeschehen ihren Sinn erhalten und den Kindern und Jugendlichen zu den erwünschten Einsichten verhelfen. (vgl. Tesch 2004).

2.3. Pädagogischer Bezug

Die Leistung einer geeigneten Verknüpfung von präsentierten und rezipierten Lehr- und Lerninhalten mit den passenden selbsttätigen und eigenaktiven Lerngelegenheiten obliegt den Lehrpersonen. Ihre didaktische und methodische Aufbereitung von Lerninhalten macht den entscheidenden Wirkfaktor hinsichtlich der zu erwartenden Lernleistung von Schülerinnen und Schülern aus. Ausgehend von internationalen Vergleichstests zur Schulleistung ist derzeit eine intensivierte Forschungsaktivität hinsichtlich der Bedingungen von Lernerfolg zu verzeichnen. Diese Bemühungen fokussieren u.a. auch auf den Bereich der Naturwissenschaften. Gründe dafür sind einerseits das relativ mässige Abschneiden der Schülerinnen und Schüler Deutschlands und der Schweiz in den PISA Erhebungen 2000 bis 2006. Anderseits ist gerade in den westlichen Industrieländern nach wie vor ein erheblicher Mangel an Berufsfachkräften in den Bereichen technischer Richtung zu verzeichnen. Um nicht - noch im verstärkten Masse - abhängig zu werden von Berufsleuten aus dem Ausland, verschärfen diese Länder ihre Anstrengungen im Bereich der naturwissenschaftlichen Grundbildung. Dies in der Hoffnung, dass verbesserte Schulleistungen auch zu mehr qualifizierten Arbeitskräften in den jeweiligen Bereichen führen können.
Videostudien der jüngeren Vergangenheit haben gezeigt, dass in der Unterrichtsgestaltung im naturwissenschaftlichen Bereich Schwachpunkte auszumachen sind. „Methodische Engführung, geringes Ausmass lernprozessbegleitender Unterstützung, umfangreiche instruktionale Phasen und – trotz des Stellenwerts des Experiments – wenig Gelegenheiten für selbständige Schülerarbeit und kaum Anlässe für selbstregulierte Lernprozesse und für den Einsatz binnendifferenzierender Massnahmen“ (Bruggmann Minnig 2011) ist die vorläufige Bilanz aus Recherchen verschiedener Studien hinsichtlich Unterrichtsführung und Lernerfolg.

Forschungsbefunde und wissenschaftliche Ergebnisse zu Unterrichtsführung und –gestaltung machen m.E. nur Sinn, wenn man den (Miss-)erfolg von Schulunterricht verdeutlichen kann. Und das hängt wiederum von den Möglichkeiten zur Leistungsüberprüfung ab. Was in der gegenwärtigen Zeit als unbestreitbar gilt, nämlich dass Lernleistungen valide und im vergleichenden

Sinn erhoben werden können und damit ein Bildungsmonitoring innerhalb und zwischen den beteiligten Staaten möglich wird, kann indessen kritisch hinterfragt werden. Schon Klafki (1996, 245 f.) benannte eine „Dialektik des Leistungsbegriffs" und „Gegenpole des Leistens", wie Lebensqualität, Glückserfahrungen und Spiel, die ebenfalls berechtigterweise der Schule ihren Sinn geben können und die bisher kaum im Blickpunkt von Schülerbeurteilungen stehen. Häussler schlägt deshalb vor, den Begriff „Lernerfolg" anstelle von „Leistung" zu verwenden (vgl. Häussler 2007).

Es bleibt freilich darauf hinzuweisen, dass Leistungsmessung mit dem Ziel der Erfassung von Lernerfolg prinzipiell und ganz allgemein verschiedene Zwecke erfüllen kann. Neben dem Aspekt der summativen Beurteilung, der in vergleichenden Studien massgeblich ist, wird auch der Aspekt der formativen Beurteilung von Bedeutung in der Betrachtung von Unterrichtserfolg. Bei dieser steht nicht eine Distinktions- oder Selektionskomponente im Mittelpunkt des Interesses, sondern der individuelle Lernweg einer Schülerin oder eines Schülers. Mittels einer formativen Beurteilung soll sowohl das lernende Individuum, als auch die Lehrperson erkennen können, welche weiteren Schritte auf dem Lernweg in optimaler Weise zu beschreiten sind um den erwarteten Lernerfolg bestmöglich erreichen zu können. In einer modernen Schule steht nicht mehr das individualistische, konkurrenzorientierte Lernen im Vordergrund, sondern das solidarische und soziale Lernen. Die Tendenz zeigt seit den 70-er Jahren weg vom ergebnisorientierten Lernbegriff hin zu einem prozess- und problemorientierten Lernen. Die Neubestimmung des pädagogischen Leistungsprinzips wurde u.a. von „...Wolfgang Klafki oder Hartmut von Hentig als notwendig angesehen, da das Leben in einer freiheitlich-demokratischen Gesellschaft nur befördert werden könne, wenn das anerkannte Erziehungsziel der individuellen Mündigkeit nicht in Widerspruch zu den konzeptionellen Strukturen der Schule gerate." (Schaub u. Zenke 2007, S. 390). Als bloss ergänzende Anmerkung sei erwähnt, dass umfangreiche Forschungsbefunde zur Frage nach der Funktion von Leistungsbeurteilung in der Schule bestehen. Häussler verweist auf Kleber (1992) und Sacher (1996) und nennt folgende Funktionen:

- Rückmeldungen für Schülerinnen und Schüler: Informationen über den Grad des Erreichens von Lernzielen
- Rückmeldungen für die Lehrkraft: Hinweise für die Lernberatung und Informationen über den Grad des Erreichens von Lernzielen
- Bewertung als Lernsituation: Aus Fehlern lernen, als Lernprinzip
- Disziplinierungsfunktion: Ansporn, schlechte Zensuren zu vermeiden
- Auslesefunktion: Verteilung von Sozialchancen
  (vgl. Häussler 2007)

In diesem Zusammenhang wird deutlich, dass auch die Art der Leistungsmessung einen Anteil am erwarteten Erkenntnisinteresse hat. Auch im Naturwissenschaftlichen Unterricht wird diese Frage einsichtig, wenn der schulische Lernerfolg beurteilt wird. Dabei spielt es zunächst keine Rolle, ob der Prozess im Rahmen des Unterrichts oder im Rahmen von Forschungsbemühungen steht. Es sind in aller Regel die gleichen Prämissen, die für die Beurteilung vorgegeben werden: Ein Messinstrument soll objektiv, reliabel und valide sein. Jede dieser Prämissen zeigt in jedem Teilbereich des zu beurteilenden Lernprozesses seine eigenen Spezifika und Schwierigkeiten. So ist zum Beispiel die Validität im kognitiven Bereich des Unterrichts noch einigermassen gut zu implementieren. Doch auch bei reinen Wissenstests stellt sich die Frage nach Validität bereits zu Recht. „Angenommen in einer Aufgabe ist die richtige Antwort in der Formulierung der Frage bereits enthalten. In diesem Fall würde nicht oder nicht ausschliesslich Wissen erfasst, sondern die Pfiffigkeit, solche versteckten Hinweise aufzuspüren und zu nutzen." (Häussler 2007). Die Fähigkeit zum Problemlösen oder zu anderen höheren kognitiven Leistungen sind bereits wesentlich schwieriger valide zu erfassen. Und erst recht an die konzeptionellen Grenzen stösst der Validitätsbegriff im Zusammenhang mit schulischer Leistungsmessung im nichtkognitiven Bereich. Latente Fähigkeiten müssen meist auf Grund von Plausibilitätsüberlegungen aus theoretischen Überlegungen abgeleitet werden (vgl. Häussler 2007).

In den Vereinigten Staaten von Amerika besteht eine längere Forschungstradition im Bereich von Lernstanderhebung und Experimentieren im naturwissenschaftlichen Unterricht. Spätestens seit der auf Präsident George W. Bush zurück gehenden Initiative „*No child left behind*", die im Jahr

2002 in ein Gesetz mündete, ist der Begriff der Schulleistungsergebung von zentraler Bedeutung. Ziel dieses Gesetzes war unter anderem, verstärkt finanzielle und wissenschaftliche Ressourcen in Schulbildung zu investieren und flächendeckend Schulleistungstests einzuführen um die gesetzten Ziele überprüfbar und transparent zu machen. Die Messung und Beurteilung von Lernerfolg in der Schule fungiert wesentlich als Motor der Reformbemühungen des Schulwesens seit den letzten 50 Jahren, zumindest in der westlichen Welt. Die klassische Prüfung im althergebrachten Sinn wurde für die Schule so einerseits zum Steuerungsmittel von Schul- und Entwicklungspolitik, anderseits zum Entwicklungs- und Reforminstrument von Schule selbst: Einige Funktionen von Lernerfolgsmessungen implizieren, den Unterricht stetig zu verbessern, sprich die zu erwartenden Lernleistungen der Schülerinnen und Schüler auf Grund von Erkenntnissen aus den gewonnenen Daten von Tests zu optimieren. Es wird beispielsweise postuliert, dass sich Lernleistungen im naturwissenschaftlichen Bereich signifikant verbessern, wenn formative Beurteilungen im Curriculum festgeschrieben werden (vgl. Shavelson et al. 2008).

Im Zusammenhang mit Unterrichtsentwicklung ist von der Gruppe um Richard Shavelson ein methodisches Prinzip formuliert worden, das sich „*on the fly assessment*" nennt. Diese Interaktionsform im Unterrichtsgeschehen entspricht im Wesentlichen dem Prinzip des „Scaffolding", welches auf das konstruktivistische Paradigma zurückgeht. Scaffolding (aus dem Englischen: "scaffold" heisst Gerüst, aber auch Schafott) bezeichnet im pädagogisch-psychologischen Zusammenhang die Unterstützung des Lernprozesses durch die Bereitstellung von gezielten Hilfestellungen für die Lernenden. Die Lehrperson gibt Anleitungen, Denkanstösse oder richtungsweisende Ideen an. Sobald die Schülerinnen und Schüler fähig sind, eine bestimmte Teilaufgabe eigenständig zu bearbeiten, wird dieses „Gerüst" schrittweise wieder entfernt oder abgebaut. Dieses Prinzip findet gegenwärtig auch Eingang in die aktuellen Forschungsbemühungen im Zusammenhang mit Konzepten zur individuellen Förderung. So wird beispielsweise postuliert, dass eine unterrichtsintegrierte und lernbegleitende Diagnostik zwecks individueller

Förderung stattfinden müsse mit dem Ziel, „... fortwährend die Diskrepanz zwischen Lernstand und Lernziel zu bestimmen“ (Klieme / Warwas 2011).

Im Zusammenhang mit dem untersuchten Forschungsprojekt QuIP stellt sich insbesondere die Frage, ob und wie sich die „Lerngelegenheit Experimentieren“ im Physikunterricht als Element der unterrichtlichen Qualitätsentwicklung einerseits (vgl. Börlin in Vorb.) und als Element des (supranationalen) Leistungsvergleichs anderseits eignen kann. Der vorliegenden Untersuchung zur Qualität im Physikunterricht vorausgehend kann festgehalten werden, dass insbesondere in Deutschland und der Schweiz das Experiment als Lerngelegenheit eine den Unterricht dominierende Stellung einnimmt. Dagegen erscheint der vergleichsweise deutlich geringere Anteil experimentellen Handelns an der gesamten Unterrichtszeit in Finnland doch bemerkenswert. Die aufgewendete Zeit im Kontext experimentellen Handelns kann indessen nicht in Beziehung zu einem Leistungszuwachs der untersuchten Klassen gesetzt werden (Börlin, in Vorb. 122ff).

Mit der Darlegung der aufgewendeten Unterrichtszeit für experimentierendes Handeln ist noch keine Aussage über die Qualität der untersuchten Experimentierphasen gemacht. Wird diese mittels Tiefenstrukturanalysen erhoben, wie dies in der Studie QuIP der Fall ist, zeigt sich, dass zwischen Qualitätsmerkmalen experimentellen Handelns und dem Leistungszuwachs der Lernenden durchaus ein Zusammenhang besteht: „Fachinhaltlich eingebettete, anspruchsvolle Experimente, deren Ergebnisse sorgfältig reflektiert werden, haben günstige Auswirkungen auf die mittlere Leistungsentwicklung einer Klasse“ (ebd. 136). Was noch weniger erstaunt, ist der Umstand, dass mittels durchgeführter Einzelfallanalysen von besonders hochqualitativen Experimentiereinheiten auf übereinstimmende förderliche Qualitätsaspekte der Lehrenden geschlossen werden kann. In diesen untersuchten Lerngelegenheiten zeigten die Lehrpersonen durchgängig die folgenden Qualitätsaspekte:

1. Das Herstellen von Bezügen und Analogien
2. Das Sichtbarmachen von Prozessen

3. Die Auseinandersetzung mit Schülerbeiträgen
4. Die Orientierung an Vorstellungen

Börlin zieht den vorläufigen Schluss, dass „sowohl kommunikative als auch Führungskompetenzen des Lehrenden ... die hohe Qualität ausmachen" (ebd. 135). Zusammenfassend lässt sich festhalten, dass aus dem stark fokussierten Forschungsinteresse der Studie QuIP eine durchaus allgemeingültige Erkenntnis folgt: Das Qualitätsmerkmal einer fachlich versierten, didaktisch gebildeten und vor allem einfühlsamen und kommunikativ starken Lehrperson ist der entscheidende Faktor für den Lernerfolg der Schülerinnen und Schüler im Unterricht.

3. Forschungsbericht

Das nachfolgende Kapitel beschreibt die trinationale Studie *Quality of Instruction in Physics education* (QuiP), deren Forschungsanlage und -ergebnisse die Grundlage der vorliegenden Arbeit bilden.

3.1. Das Forschungsprojekt QuIP

Das Forschungsprojekt "*Quality of Instruction in Physics education - comparing instruction in Finland, Germany and Switzerland*" (QuIP) erhebt Merkmale gelingenden Physikunterrichts in deutschen, finnischen und Schweizer Schulen. Die Untersuchung setzt an Resultaten von Internationalen Schulleistungstests wie TIMSS[3] 2000 und PISA 2003 an, die gezeigt haben, dass finnische Schülerinnen und Schüler bei den Leistungstests in Naturwissenschaften signifikant besser abgeschnitten haben als ihre deutschen und Schweizer Kolleginnen und Kollegen. Auf Grund des Forschungsdesigns können aber aus diesen gross angelegten Vergleichsstudien keine Erkenntnisse über den zugrunde liegenden Unterricht gewonnen werden. Die Studie QuiP will daher versuchen, Zusammenhänge zwischen den erwähnten Leistungsunterschieden und dem jeweiligen länderspezifischen Unterricht zu identifizieren und zu beschreiben. Übergeordnetes Ziel bildet hierbei die Identifikation von Qualitätsmerkmalen gelingender Elemente von Unterricht zur Optimierung des Lernerfolgs.

Für die vertiefte Analyse des komplexen Geschehens innerhalb realen Unterrichts genügt es nicht, rein beobachtbare Daten zu berücksichtigen. Neben der Sichtstrukturebene wurden daher auch hochinferente Methoden zur Analyse eingesetzt. Diese Tiefenstrukturanalysen ermöglichen in Ergänzung zur Sichtstrukturanalyse die Bewertung spezifischer Unterrichtsphasen nach festgelegten Qualitätskriterien. Als qualitative Forschungsmethode kommt dabei der Einsatz von Expertenwissen zum Einsatz, indem in der Regel mehrere trainierte Fachpersonen die entsprechenden Daten unabhängig

[3] TIMSS: Akronym *für* ***T****hird* ***I****nternational* ***M****athematics and* ***S****cience* ***S****tudy*. Eine international vergleichende Schulleistungsuntersuchung, die von der *International Association for the Evaluation of Educational Achievement* (IEA) durchgeführt wurde.

voneinander analysieren und anschliessend ihre Ergebnisse in einem Validitätsprozess zwecks Triangulierung vergleichen.

Der qualitativen Untersuchung zugrunde liegt das systemische Modell für Unterrichtsqualität nach dem Prozess-Produkt Modell von Lipowsky et al. (2005), vgl. Abb. 3.1. Aus Befunden früherer Videostudien ist bekannt, dass sich der Unterricht in unterschiedlichen Ländern hinsichtlich bestimmter Muster unterscheidet. Diese Muster (engl.: *„cultural scripts“*) sind kulturgeschichtlich und regional verschieden und bildeten im Rahmen der Studie QuIP ebenfalls ein Hauptinteresse der Forschungsabsicht (vgl. Börlin in Vorb.).

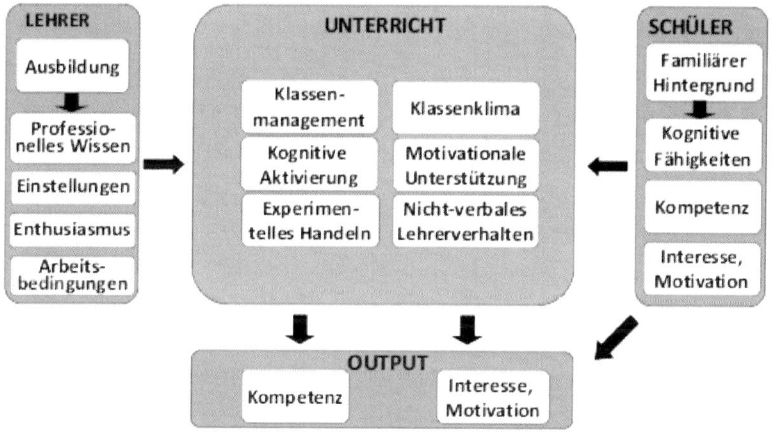

Abbildung 3.1 - Systemisches Modell für Unterrichtsqualität von Lipowsky et al. (2005): Der Unterricht wird zweiseitig beeinflusst. Als Output des Unterrichts werden Kompetenzveränderungen sowie Veränderungen affektiver Variablen der Schülerinnen und Schüler erwartet und erfasst.

Für die Videostudie wurde eine Doppelstunde Physik zum vorgegebenen Thema „Zusammenhang zwischen elektrischer Energie und Leistung“ in den drei Ländern aufgezeichnet. Die Lehrpersonen wurden zwecks Sicherung vergleichbarer Bedingungen aufgefordert, aus der Unterrichtseinheit Elektrizität, die sie wie gewöhnlich abhalten sollten, jene Doppelstunde auszuwählen, welche am besten zum genannten Thema passte. Die Projektteams analysierten die videografierten Physik - Doppellektionen anschliessend auf der Basis der Kategoriensysteme "Interaktionsformen",

"Lehrpersonen-/Schülerinnen- und Schüler-Verbalisation", "Konstruktivismus" und "Experimentelles Handeln".

Sowohl beim Prä- als auch beim Posttest wurden Instrumente zur Erfassung der Schülerkompetenz und Motivation eingesetzt. Das eingesetzte Instrument zur Erhebung des Wissensstandes (CKPT – *Content Knowledge Paper Test*) wurde von der deutschen Projektgruppe entwickelt. Es umfasst 73 Items und wurde in Anlehnung an das hierarchische Kompetenzmodell von Neumann et al (2007) konstruiert. Die Abfrage von spezifischem Wissen geschieht dabei über das Prinzip „eine (beobachtbare) Tatsache – ein (physikalisches) Konzept" (Geller 2008). Dabei wurden Themen aus dem Gebiet „Elektrizität und Leistung", sowie entsprechendes Vorwissen getestet, vgl. Anh. 1 (Geller 2008). Dazu kamen beim Prätest Instrumente zur Erhebung des Lehrer- und Schülerhintergrundes, beim Posttest Instrumente zur Erfassung der pädagogischen und physikalischen Kenntnisse der Lehrperson, sowie ein Experimentiertest für Schülerinnen und Schüler. Letzterer wurde aufgrund des grossen organisatorischen und materiellen Aufwandes ausschliesslich im Rahmen des Posttests durchgeführt und bildet die Grundlage für die quantitative Auswertung in dieser Arbeit in Kap. 4.

Tab. 3.1 zeigt die eingesetzten Untersuchungsinstrumente in einer Übersicht, wobei die Datenquellen von Schülern in zwei Grüntönen, farblich abgehoben von den Datenquellen von Lehrpersonen (rötlich) dargestellt sind.

Prätest	**Unterricht**	**Posttest**
Fachwissenstest	Doppellektion mit Video-Aufzeichnung. Thema: Zusammenhang zwischen elektrischer Energie und Leistung	Fachwissenstest
Wissenstest zur naturwissenschaftlichen Arbeitsweise		Experimentiertest
Fragebogen zur Schülermotivation	Fragebogen zur Schülermotivation	Fragebogen zur Schülermotivation
Test über allgemeine kognitive Fähigkeiten		
Fragebogen zum Schülerhintergrund		Fragebogen zur Lehrermotivation
Fragebogen zum Lehrerhintergrund	Lehrerfragebogen zur Videoaufzeichnung	Lehrerfragebogen zum Professionswissen

Tabelle 3.1 – Übersicht der Erhebungsinstrumente im Rahmen von QuIP

Die Erhebung der Daten erstreckte sich über das Schuljahr 2008 / 2009 (vgl. Börlin in Vorb., S. 35ff).

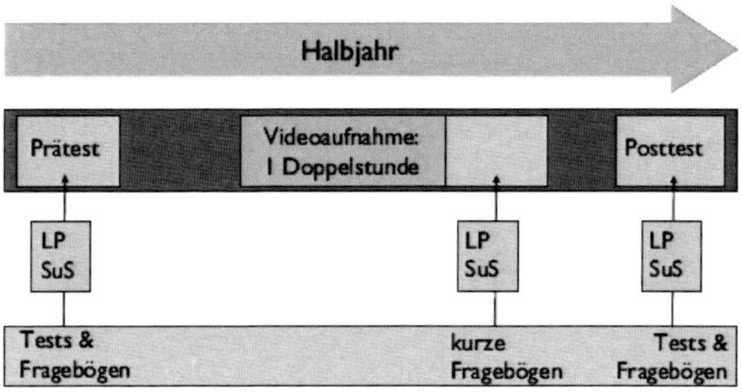

Abbildung 3.2 - Zeitlicher Ablauf der Datenerhebung: Prätest, Videoaufnahme einer Doppelstunde und Posttest. Der Experimentiertest wurde im Rahmen des Posttests durchgeführt.

Die Stichprobe bestand aus insgesamt 99 finnischen, deutschen und Schweizer Klassen des 9. und 10. Schuljahres. Im finnischen Schulsystem gibt es in der Schule keine Trennung nach Leistungstypen, sondern alle Schülerinnen und Schüler werden integrativ in Klassen eines Gesamtschulsystems gemeinsam unterrichtet. In der deutschen und Schweizer Teilstichprobe mussten deshalb alle Leistungsniveaus angemessen mitberücksichtigt werden. Tab. 3.2 stellt die Gesamtstichprobe nach Schultypen und Ländern dar. Die realisierte Stichprobe ist in Deutschland für das Bundesland Nordrhein – Westfalen geografisch repräsentativ, in der Schweiz für den deutschsprachigen Landesteil und in Finnland für eine Region im Umkreis von rund 200 km um die Stadt Jyväskylä.

	Schultypen				
Land	**0**	**1**	**2**	**3**	**Σ**
D	13	7	9	11	**43**
FIN	25	0	0	0	**25**
CH	4	9	11	7	**31**
Σ	**42**	**16**	**20**	**21**	**99**

Tabelle 3.2: Anzahl der Klassen, verteilt auf Schultypen (0-3) und Länder. Typ 3 entspricht dem höchsten, Typ 2 dem mittleren und Typ 1 dem tiefsten Leistungsniveau. Dem Typ 0 werden Schulklassen zugeordnet, deren Schülerinnen und Schüler sich aus verschiedenen Leistungsniveaus (Schultyp 1-3) zusammensetzen.

Das oberste Leistungsniveau entspricht sowohl in Deutschland als auch in der Schweiz dem Gymnasium. In Deutschland heisst die mittlere Leistungsstufe Realschule (Typ 2) und die tiefste Stufe Hauptschule (Typ 1). Daneben existieren Gesamtschulklassen, welche Schülerinnen und Schüler aus allen Niveaus umfassen. Das unterste Leistungsniveau der Teilstichprobe in Deutschland (Typ 1, Hauptschule) repräsentiert diese Stufe nicht wirklich: Auf Grund der Lehrpläne in Physik für die betroffene Altersgruppe konnte die Hauptschule nicht in reiner Form erfasst werden, sondern es wurden nur die Daten von Schülerinnen und Schülern aus den tiefsten Leistungskursen von Gesamtschulen (sog. G-Kurse) berücksichtigt.

Analog zu Deutschland besteht in der Schweiz ein dreigliedriges Schulsystem auf der Sekundarstufe I. Die Bezeichnungen der Niveaus sind allerdings nicht einheitlich. Um die Komplexität der Studie einzugrenzen, wurden ausschliesslich Schulklassen der Deutschen Schweiz bei der Ziehung berücksichtigt. Aufgrund der kantonal unterschiedlichen Lehrpläne konnten jedoch auch nicht alle Kantone der deutschen Schweiz berücksichtigt werden. Aus verschiedenen Gründen gestaltete sich der Prozess der Stichprobenerhebung in der Schweiz als schwierig: Vor allem wegen der Überbelastung der Schulen durch die Teilnahme an weiteren Studien und Schulentwicklungsprojekten, durch allgemein als hoch empfundene Arbeitsbelastung der Lehrkräfte sowie durch personelle Gründe sagten sehr viele der angefragten Schulleitungen eine Teilnahme ihrer Schule an QuIP ab. Tab. 3.3 zeigt die Verteilung der Schweizer Stichprobe hinsichtlich Herkunft nach Kantonen und Leistungsniveaus.

	Schultypen				
Kantone	**0**	**1**	**1**	**3**	**Σ**
Appenzell-Ausserrhoden	0	0	0	1*	1*
Basel-Landschaft	0	1	0	0	1
Basel-Stadt	0	0	0	0	0
Bern	0	1*	3	1 + 1*	4 + 2*
Fribourg	0	0	0	1*	1*
Glarus	0	0	0	1*	1*
Luzern	1	1	1	1	4
Solothurn	2	1	0	0	3
Thurgau	1*	3	3	0	6 + 1*
Zürich	0	1 + 1*	4	1	6 + 1*
Summe	3 + 1*	7 + 2*	11	3 + 4*	24 + 7*

Tabelle 3.3 - Verteilung der Schweizer Stichprobe nach Kantonen und Leistungsniveaus 1-3. Die mit * versehenen Klassenzahlen entsprechen jenen Klassen, welche über direkten Kontakt zur Lehrperson für die Teilnahme an der Studie gewonnen wurden. Sie gehören damit nicht zur Zufallsstichprobe.

Im August 2008 waren für die Schweiz ursprünglich 37 Klassen für die Hauptstudie vorgesehen. Im Verlauf der Erhebung sagten sechs weitere Lehrpersonen ihre Teilnahme aus verschiedenen Gründen ab, weshalb die Erhebung schliesslich mit 31 Klassen und deren 28 Lehrpersonen abgeschlossen werden konnte. Somit ergibt sich für die Schweiz folgende prozentuale Verteilung auf die Leistungstypen: Typ 1:35% (36%), Typ 2: 42% (49%) und Typ 3: 23% (15%). Die Angaben in Klammern entsprechen den tatsächlichen Anteilen der Schülerinnen und Schüler in den drei Leistungsniveaus der betreffenden Kantone. Somit ist Typ 3 (Gymnasium) gegenüber der Grundgesamtheit überrepräsentiert, während Typ 2 (meist: Sekundarschule) unterrepräsentiert ist.

Als Forschungspartner wirkten für Deutschland die Universität Duisburg-Essen (Projektleitung Prof. Dr. Hans E. Fischer), für Finnland die Universität Jyväskylä (Projektleitung Prof. Jouni Viiri), sowie für die Schweiz die Fachhochschule Nordwestschweiz (Projektleitung Prof. Dr. Peter Labudde, vormals PH Bern) zusammen. Es sind mehrere Dissertationsprojekte in den drei Ländern zu verschiedenen Unterthemen gestartet worden und befinden sich momentan in der Abschluss- resp. Veröffentlichungsphase. Der durchgeführte Experimentiertest wurde indessen von keinem der beteiligten Forschungsteams weiter bearbeitet.

3.2. Der Experimentiertest

Der Experimentiertest im Rahmen der Studie QuIP wurde vom Schweizer Projektteam geplant, entworfen und in der Umsetzung begleitet. Die Gruppe um Prof. Dr. Peter Labudde (ehemals PH Bern, nun FHNW in Basel) wollte mit dem Einbezug eines praktischen Experimentiertests für die Schülerinnen und Schüler ein zusätzliches Erhebungsinstrument realisieren um diverse Fragestellungen rund um den Themenkreis „Experimentieren" aufzugreifen. Einer der Gründe für die Entwicklung des spezifischen Testinstrumentes war einerseits die generell hohe Bedeutung, die dem Experimentieren in der Naturwissenschaftsdidaktik (zumindest der deutschsprachigen Länder) beigemessen wird. Schon mehrere wissenschaftliche Studien haben den Stellenwert des Experiments dargelegt (Jonas-Ahrend 2004, Tesch 2005). Allerdings haben erst wenige Untersuchungen den Einsatz von praktischen Experimentieraufgaben als Testinstrument für Lernende erforscht. Es besteht die Hypothese, dass ein Experimentiertest eine ergänzende Facette zum Kompetenzbegriff aufzeigen könnte. So wird erwartet, dass ein Vergleich zwischen herkömmlichen (p*aper and pencil*-) Testinstrumenten und einem praktischen Experimentiertest vielversprechende Aussagen in theoretischer und in fachdidaktischer Hinsicht liefern könnte.

Der Experimentiertest wurde als Teil des Posttests durchgeführt (vgl. Abb. 3.2). Jede Schülerin und jeder Schüler sämtlicher Klassen der Gesamtstichprobe mussten während einer Lektion (45 Minuten) in selbständiger Einzelarbeit drei praktische Testaufgaben mit einem Zeitbudget von je 15 Minuten lösen. Die Jugendlichen absolvierten einen vorgegeben Circuit im Testraum, wo sie bereits sämtliches Material für die Durchführung der Experimente vorfanden, vergleichbar mit der Postenarbeit im Werkstattunterricht. Insgesamt wurden sechs verschiedene Experimentieraufgaben konstruiert und vor der Hauptstudie pilotiert. Um in allen Klassen vergleichbar viel Material zur Bereitstellung verfügbar zu haben, wurden nur sechs verschiedene Postenabläufe definiert. Zum Vergleich: Da es sich bei der Problemstellung der Aufgabenverteilung mathematisch um eine

Kombination ohne Wiederholung handelt, wären maximal 20 verschiedene Aufgabensets[4] möglich. Realisiert wurden aber nur deren 6, da dies die Bereitstellung, die Abläufe in den Klassen, sowie die Auswertung wesentlich erleichtert hat. Bereits in der Pilotierung des Experimentiertests zeigte sich indessen, dass schon mit 6 verschiedenen Sets der logistische Aufwand in der Vorbereitung, sowie der Anspruch an die Kontrollaufsicht während der Durchführung anspruchsvoll und komplex waren. Zusammen mit dem Experimentiermaterial wurden für die Probanden individuelle Testhefte bereitgestellt. In diesen Papieren fanden die Schülerinnen und Schüler sowohl die schriftliche Anleitung zur Bearbeitung der jeweiligen Experimentieraufgabe, als auch die vorgegebene Form des Antwortrasters. In den meisten Fällen war dies einfach genügend Platz im Testheft für die textliche oder grafische Beantwortung einer offenen Fragestellung.

Bei der Konstruktion der Testaufgaben (Tasks) wurde versucht, eine Reihe von Qualitätsanforderungen und Ansprüche an die Praxistauglichkeit für den schulischen Einsatz zu berücksichtigen. Dabei lehnten sich die Entwickler an die von Stebler et al definierten Gütekriterien an (Stebler / Reusser et al, 1998, S. 44ff). Die Problemstellungen sollten für die Schülerinnen und Schüler gleichsam interessant, motivierend und spannend sein. Der Bezug der Tasks zu moderner Technologie oder aktuellen gesellschaftlichen Themen (z.B. zum Thema „Energie sparen im Haushalt" mit dem Einsatz von Sparlampen, vgl. Abb. 3.3), sowie allfällige Widersprüchlichkeiten zur Alltagserfahrung der Jugendlichen sollten die geplante motivationale Komponente der Aufgabenstellungen unterstützen.

Des Weiteren musste die Konstruktion der Tasks die Bedingung erfüllen, dass die erwartete Experimentierhandlung und deren Beantwortung in den Lösungsheften zu eindeutig beurteilbaren Lösungen führten. Eine Randbedingung war zudem, dass die Aufgabenstellungen überall (zum Beispiel in unterschiedlich grossen Klassen oder bei unterschiedlichem

---

[4] Berechnung einer Kombination ohne Wiederholung: $\binom{n}{k} = \frac{n!}{(n-k)! \cdot k!}$,
mit $n = 6, k = 3, also\ \frac{720}{36} = 20$ mögliche Kombinationen mit 3 aus insgesamt 6 Tasks.

Verhältnis der Geschlechter in verschiedenen Klassen) mit den gleichen Chancen und für alle fair bearbeitet werden konnten. Und schliesslich sollte für die Tasks nur Material zur Verfügung gestellt werden, das absolut ungefährlich und in der Handhabung problemlos anwendbar ist.

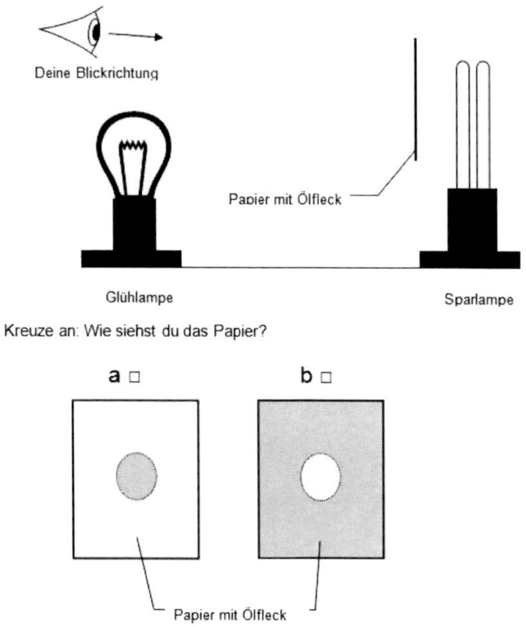

Abbildung 3.3 – Ausschnitt: Schematische Darstellung aus dem Task „Sparlampe"

Die Kriterien an die Testkonstruktion werden hier nicht weiter ausgeführt, sie dienen lediglich als Orientierung. Eine wesentliche Einschränkung bei dieser Annäherung stellte u.a. die kurze pro Testklasse zur Verfügung stehende Zeit von 45 Minuten dar. Es muss festgehalten werden, dass der untersuchte Experimentiertest daher keinen Anspruch auf einen umfassenden wissenschaftlichen Zugang zum Thema „Experimentierfähigkeit" erheben kann. Wichtige andere Aspekte aus einem umfassenden Kompetenzmodell sind nicht umgesetzt. Dennoch wäre ein vom Fachwissenstest signifikant abweichendes Testergebnis ein wichtiger Hinweis darauf, dass durch den Einsatz von Experimentiertests allenfalls Kompetenzen erfasst werden, welche mit einem traditionellen, ausschliesslich schriftlichen Test verborgen bleiben.

Dass mit dem praktischen Handeln in einem Experimentiertest andere Kompetenzen angesprochen werden, scheint indessen unbestritten. Diese Abgrenzung des Experimentiertests zum Fachwissenstest wurde durch eine kompetenzorientierte Itemanalyse der beiden Tests untersucht. Dabei wurde jedes Item einem der drei für die beiden Tests relevanten Handlungsaspekte des Schweizerischen Kompetenzmodells HarmoS (EDK 2011) zugeordnet. Es sind dies die Handlungsaspekte "Fragen und untersuchen", "Informationen erschliessen“, sowie "Ordnen, modellieren, strukturieren". Die durchgeführte Itemanalyse stützt die beabsichtigte Abgrenzung zum Fachwissenstest: Der Handlungsaspekt "Fragen und untersuchen" hat im Experimentiertest das höchste Gewicht, kommt dagegen im Fachwissenstest nicht vor (vgl. Abb. 3.4).

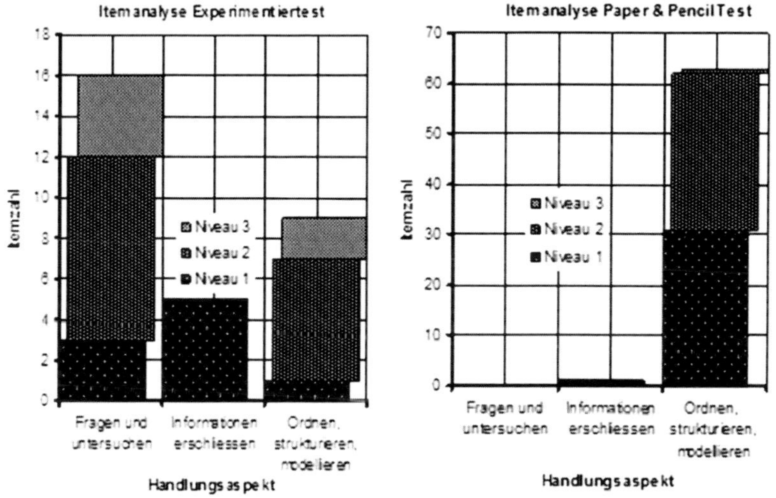

Abbildung 3.4 – Kompetenzorientierte Handlungsaspekte und Niveaus in beiden Testformen

Des Weiteren hat die Itemanalyse gezeigt, dass auch der verwendete Experimentiertest nicht ohne Einbezug von Fachwissen auskommt: 9 der 30 konstruierten Items werden dem Handlungsaspekt „Ordnen, modellieren, strukturieren“ zugeordnet. Dieser Aspekt kann unter „Fachwissen anwenden“ subsumiert werden (vgl. Börlin et al 2009).

3.3. Testkonstruktion und Zielsetzung

Der Problemkreis rund um die Adaption der Aufgabenstellung bei praktischen Experimentiertests ist im fachdidaktischen Umfeld breit rezipiert und wissenschaftlich bearbeitet. Vor allem das Dilemma, dass zwar tätiges Handeln der Probandinnen und Probanden evaluiert werden soll, dass aber einerseits die Aufgabenstellungen selbst und anderseits die Beantwortung der gestellten Fragen meist textbasiert sind, wirft grundlegende Fragen auf. Was heisst „verständlich formuliert“ in Bezug auf die Formulierungen der Experimentieraufgaben? Was bedeutet es, wenn die getesteten Lernenden „nicht drauskommen“? Und was bedeuten die daraus resultierenden Anforderungen für das Format der Experimentieranleitungen? Schon mit dieser aufgeworfenen Frage wird klar: Es kann sich bei Aufgaben in Experimentiertests nie wirklich um offene Problemstellungen handeln. Vielmehr geht es genau hier um „nachempfundenes Handeln“ nach Anleitung. Anders ist eine für die ProbandInnen vergleichbare Ausgangslage zu Testzwecken auch kaum vorstellbar; schliesslich ist der Vergleich von Schülerleistungen auch bei Experimentiertests das Ziel.

> „So scheinen beispielsweise grafische oder bildliche Informationen sowie kurze statt lange Informationstexte eine Experimentieraufgabe zu vereinfachen. Ebenso scheint das Markieren einer Antwort leichter zu sein als das Zeichnen der Lösung oder das Bezeichnen bzw. Beschreiben der Lösung.“ (Gut 2010, 245)

stellen Gut et al im Zusammenhang mit einer eingehenden Itemanalyse für die Formulierung von Bildungsstandards[5] fest. Es bleibt anzumerken, dass auch mit aufwändigen und umfangreichen Verfahren die Validierung von Kompetenzmodellen ein höchst schwieriges Unterfangen bleibt.

> „Die Validierung eines Kompetenzmodells ist ein langwieriger, umfassender und kaum abschliessbarer Prozess. Im HarmoS-Projekt konnten davon erste Schritte geleistet werden. Dazu sind auch Erfahrungen zu zählen, die im Verlaufe der in der Praxis breit

[5] Im Jahr 2008 wurden in der Schweiz im Zusammenhang mit HarmoS (Bildungsprojekt Harmonisierung der obligatorischen Schule) mit rund 1500 Schülerinnen und Schülern Experimentiertests durchgeführt. Dies geschah mit dem Ziel, ein Kompetenzmodell für den naturwissenschaftlichen Unterricht zu validieren. Mittlerweile sind die Bildungsstandards in der Schweiz verabschiedet (vgl. EDK 2011).

abgestützten Bearbeitung des Modells und seiner Konkretisierung und Illustration in Aufgaben sowie mit den auf die Erfassung komplexer Kompetenzen gerichteten Experimentiertests gewonnen wurden." (Ramseier, Labudde, Adamina 2011)

Ramseier et al machen deutlich, dass erst die praktische Anwendung von konkreten Aufgabenstellungen im Umgang mit Experimentiertests über die zu erwartende Aussagekraft entscheiden kann. Womit der alltägliche Unterricht in der Schulpraxis angesprochen ist.

Im Zusammenhang mit dem Einsatz von Experimentiertests stellt sich zudem die Frage, welche Kompetenzen mit welchen Zielsetzungen überprüft werden können. Damit verbunden drängt sich wiederum die Frage auf, was mit dem Experimentieren als Unterrichtsform angestrebt wird. Wozu wird im naturwissenschaftlichen Unterricht überhaupt experimentiert? Diese Frage ist bei der Testkonstruktion einerseits und anderseits bei der Verwendung der erhobenen Daten zwecks Generierung von Forschungsbefunden zentral.

Grundsätzlich bleibt auch beim Experimentieren im Unterricht die Lehrperson die massgebliche Einflussgrösse bezüglich Ablauf und Aufbau der Unterrichtseinheit. Forschendes Lernen kann vor allem im Anfängerunterricht leicht zu Überforderung führen. Es ist daher unerlässlich, die vorbedingenden Kompetenzen für diese Unterrichtsform sorgfältig aufzubauen. Dazu muss die Lehrperson die Experimentierfähigkeit der Schülerinnen und Schüler entwickeln. Dabei geht es vorerst darum, den Kindern beizubringen, wie eine Hypothese (Vermutung) mittels eines Kontrollansatzes über eine abhängige Variable (das Erkenntnisinteresse) und eine unabhängigen Variable (die experimentelle Veränderung der Umgebung) überprüft wird. Als grundlegende Voraussetzung für einen solchen Experimentierzyklus sind die Kompetenzen „genaues Beobachten" und „Widergabe von Beobachtungsergebnissen" zentral. Erst unter diesen Prämissen macht es schliesslich Sinn, von der umfassenden Bedeutung des Experimentierens im Unterricht auszugehen. Erst unter Beachtung der entsprechenden altersgerechten Voraussetzungen gewinnen die „5 E" an entsprechender Bedeutung:

- Engagement — Lernende werden herausgefordert und engagieren sich in wissenschaftlich orientierten Fragestellungen
- Erkundung — Lernende sammeln Daten und suchen Antworten auf Fragen
- Erklärung — Lernende formulieren Erklärungen aus ihren Daten
- Erweiterung — Lernende verknüpfen ihre Erklärungen mit wissenschaftlichen Konzepten und verstehen sie in neuen Situationen
- Evaluation — Lernende kommunizieren und vertreten ihre Erklärungsmodelle und Schlussfolgerungen vor anderen und erhalten Feedback

(Frischknecht-Tobler / Labudde 2010)

Es erscheint demzufolge besonders wichtig zu betonen, dass der Einsatz eines Experimentiertests zu vergleichenden Zwecken hinsichtlich schulischen Lernerfolges erst sinnvoll eingesetzt werden kann, wenn die „Experimentierfähigkeit" als Basiskompetenz vorgängig ausgebildet worden ist.

Der im Rahmen von QuIP eingesetzte Experimentiertest wurde zweifach pilotiert. Ziel war zu überprüfen, ob die Items verständlich formuliert sind, ob die Schülerantworten einen genügenden Einblick in die praktische Experimentiertätigkeit geben, ob die Schülerinnen und Schüler überhaupt in der Lage sind, die Experimente auszuführen, ob die Bearbeitungszeit ausreicht, der Schwierigkeitsgrad vertretbar und deren sichere Handhabung gewährleitet ist. Nach einer ersten Pilotierung (in drei Schulklassen im Kanton Bern) konnten die entsprechenden Antworten gefunden werden, nötige Korrekturen an den Items vorgenommen und in der anschliessenden zweiten Pilotierung in zwei Ländern erneut validiert werden. Die Pilotierung bescheinigte dem verwendeten Experimentiertest, dass die Verständlichkeit der Aufgabenstellungen gut war, die Antwort im Allgemeinen genügend aussagekräftig, der Schwierigkeitsgrad angemessen und die Bearbeitungszeit von 15 Minuten pro Task ausreichend war. Bereits in der ersten Pilotierung gaben indessen einige Schülerinnen als Kommentar an, dass sich das behandelte Thema im Experimentiertest für Mädchen nicht eigne (vgl. Anh. 2).

Als bestehende Probleme legte die Pilotierung des Tests die Fragen offen, ob die Antwortformate tatsächlich genügend Rückschluss auf das praktische Handeln der Jugendlichen zulassen, ob überhaupt Klarheit postuliert werden darf, was die Tasks genau zu messen vorgeben, woher die hohe Streuung in der richtigen Beantwortung der Tasks herrührt und ob die hohe Zahl an hochstrukturierten Items gerechtfertigt war für den geplanten Zweck des Experimentiertests. (vgl. Börlin 2008)

Im Zusammenhang mit einer breiten Entwicklungsinitiative des gesamten Testwesens in den USA (vgl. Kap. 2.3, 16), namentlich von naturwissenschaftlichen Schulleistungstests zum Zweck des (inter)nationalen Vergleichs, sind grossangelegte Forschungsbemühungen zur Konstruktion, zur Evaluation und zur Qualitätsentwicklung von Testinstrumenten unternommen worden. Eine Gruppe um Richard Shavelson (Shavelson ist emeritierter Professor der Stanford University) untersuchte in diesem Zusammenhang bereits Ende des vorletzten Jahrzehnts die prinzipiellen Möglichkeiten von und Erwartungen an Experimentiertests (engl.: *science performance assessments*). Obwohl in praktischen Experimentiertests viele Vorteile gegenüber reinen *paper and pencil* Wissenstests festgemacht werden konnten, mussten auch für dieses Testformat grundsätzliche Defizite benannt werden. So konnte auf der einen Seite zwar gezeigt werden, dass performance assessments ein systemschädliches *teaching to the test* weniger fördert als klassische Testformen, hingegen ist die Annahme, ein Experimentiertest evaluiere höhere kognitive Leistungen (*higher order thinking*), kritisch hinterfragt worden. Einerseits erfordert die Konstruktion von hochqualitativen Experimentiertests ein besonders hohes Mass an Verständnis für den Einsatz von Unterrichtstechnologien und Erfahrung im Umgang mit geeigneten Materialien und Geräten, anderseits sind die Anforderungen an die Beurteilungsformate entweder personell oder technologisch sehr hoch. So wäre zum Beispiel eine direkte Beobachtung einer Beurteilungsperson pro Experimentieraufgabe und ProbandIn nötig um die tatsächliche Handlung während einer praktischen Experimentierphase wirklich annähernd erheben zu können.

Als mögliche Schlussfolgerung aus diesen Forschungsbemühungen kann festgehalten werden, dass der Einsatz von Experimentiertests nicht unbedingt zu einem besserem Lehr- und Lernverständnis führt (Ruiz-Primo / Shavelson 1996). Ein Zitat belegt Shavelsons kritische Haltung gegenüber simplifizierten eindimensionalen Mess- und Kontrollbemühungen im Schulwesen der Vereinigten Staaten:

> *"Achievement scores fit the American belief in a single dimension of ability that distinguishes winners from losers ... [but] over-measurement in K-12 education has sent the wrong signals to teachers and students ... [and] the tests work against what many people value as education, which is far broader than what is currently measured and rewarded or punished."*[6]

In der gegenwärtig aktuellen Diskussion um nationale Bildungsstandards und aus der sich daran anschliessenden fachdidaktischen Erkenntnisgewinnung lässt sich feststellen, dass experimentelle Kompetenz zu einem vielbeachteten Begriff geworden ist. Es ist unbestritten, dass als Komponenten naturwissenschaftlicher Kompetenz in der Schule die Kategorien „Erkenntnisse gewinnen" oder „naturwissenschaftliches Arbeiten" aktuell einen gewichtigen Stellenwert geniessen. Es gilt ebenfalls als unbestreitbar, dass der praktische Einsatz von Experimentiertests eine besondere Herausforderung darstellt. Und zwar sowohl im unterrichtlichen Einsatz hinsichtlich fachdidaktischer Lehrerkompetenz in Bezug auf die Testkonstruktion und –auswertung, als auch im grossflächigen Einsatz im Rahmen von Vergleichsstudien. Daher gibt es aktuelle Forschungsbemühungen im Bereich von naturwissenschaftlichen Experimentiertests, die darauf abzielen, die Bereitstellung, Durchführung und Auswertung hinsichtlich Aufwand und Ertrag zu optimieren. Das deutsche Forschungsprojekt eXkomp verfolgt beispielsweise die Fragestellung, inwiefern computerbasierte Simulationsbaukästen das Realexperiment in der Testsituation substituieren können. Damit einhergehend verspricht man sich eine Reduktion des Einsatzes von Ressourcen und die Möglichkeit einer fokussierten und weniger komplexen Auswertung (vgl. Schreiber, Theyssen, Schecker 2009).

---

[6] Zitat Richard Shavelson, Online. URL: http://ed.stanford.edu/faculty/richs, Zugriff am 16.01.2012.

Experimentieren ist als vielschichtiges, vielfältig definierbares und komplexes Handlungsgeschehen zu verstehen. Es lassen sich verschiedene Phasen des Experimentierens definieren. Im Rahmen der deutschen Studie eXkomp haben sich Schreiber et al an die Ausformulierungen der Kompetenzbereiche für die Unterrichtsform des Experimentierens angelehnt, so wie sie von Mayer und Möller et al formuliert wurden (zit. in Schreiber et al 2009). Dabei wurde bewusst ein Schwergewicht auf den Bereich der Durchführung gelegt, weil dieser Aspekt des Experimentierens wohl am ehesten den Handlungsaspekt abbildet, der in Experimentiertests beurteilt werden kann (vgl. Abb. 3.5). Des Weiteren halten Schreiber et al fest, dass in der Ausführung der Testsituation für grossflächige Vergleiche ausschliesslich eine produktbezogene Auswertung in Frage kommt. Die viel aufwändigere und höchst ressourcenintensive prozessbezogene Auswertungsform (meist in Form von Videostudien) ist aufgrund der grossen Komplexität von praktischen Experimentiertests in der Schule nur für kleinere Stichproben realisierbar.

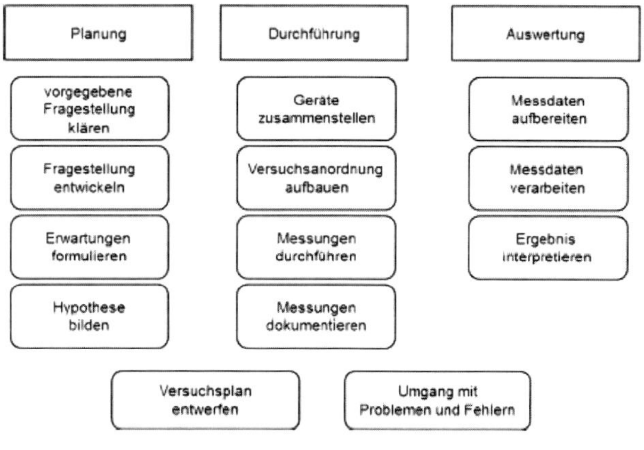

Abbildung 3.5 – Modell experimenteller Kompetenz

Zusammenfassend kann festgehalten werden, dass Experimentiertests im Physikunterricht eine wichtige und sinnvolle Ergänzung zu herkömmlichen Testformen darstellen. Die Konstruktion und die Auswertung von praktischen Testaufgaben ist mit besonderen Herausforderungen verbunden, die es zu bedenken gilt und die nachfolgend genauer analysiert werden.

3.4. Aufgabenstellungen

Nachfolgend werden die sechs Aufgabenstellungen vorgestellt, die im Rahmen des Experimentiertests in QuIP eingesetzt worden sind. Besonderes Augenmerk wird verwendet auf die Darstellung der jeweiligen **Ausgangslage**, des verwendeten **Experimentiermaterials**, der Formulierung der eigentlichen **Problemstellung**, sowie des **Antwortformates**. Alle Tasks wurden für eine produktbezogene Auswertung ausgearbeitet. Die eigentliche Experimentiertätigkeit der Schülerinnen und Schüler wurde im Rahmen der Studie QuIP nicht aufgezeichnet oder anderweitig festgehalten. Die einzelnen Tasks umfassen eine verschiedene Anzahl von Items (Teilaufgabenstellungen innerhalb eines Taskheftes mit je verschiedenen Frage- oder Antwortformaten).

- **Glühlampen (GL)**

  Der Task GL umfasst drei Items mit dreimal praktisch identischem Antwortformat: Es muss nach der Durchführung der praktischen Handlung mit den Glühlampen und den Verbindungsdrähten jeweils auf einer leeren Fläche im Taskheft (zur Verfügung ca. eine halbe Seite DIN A4) die Situation aufgezeichnet werden. Es wird in der Anweisung nicht spezifiziert ob dies in Form eines Schaltplans mit den gebräuchlichen Symbolen zu erfolgen habe oder nicht. Demzufolge wird auch eine Handskizze mit frei gewählter Bilddarstellung der Elemente akzeptiert, sofern die Zeichnung richtig ist (vgl. Abb. 3.6).

  Material: Labormaterial (Glühlampen und Kabel mit Verbindungen und Klemmen), handelsübliche Flachbatterie 4.5V.

  Aufgabenbeschreibungen:

  1 Verbinde die drei Glühlampen mit der Batterie, so dass sie möglichst hell leuchten.
  2 Baue mit den drei Glühlampen und der Batterie einen Stromkreis auf, bei dem eine Glühlampe hell, die übrigen beiden weniger hell leuchten.

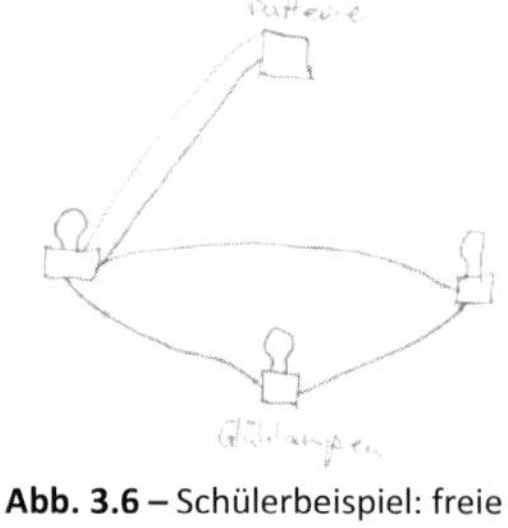

Abb. 3.6 – Schülerbeispiel: freie Zeichnung (falsche Lösung, D-3-37-01-25)

3 Es gibt noch einen anderen Stromkreis bei dem die drei Glühlampen unterschiedlich hell leuchten. Finde ihn!

Antwortformat:

- Zeichne auf, wie du die Glühlampen mit der Batterie verbunden hast! Achte darauf, dass du alle Verbindungen einzeichnest!
- Beschrifte in deiner Zeichnung die Batterie und Glühlampen.

- **Rätselhafte Kisten (Ra)**[7]

Der Task Ra umfasst drei Items mit dreimal identischem Antwortformat: Es muss nach der Durchführung der praktischen Handlung mit den vorhandenen Elementen jeweils auf einer leeren Fläche im Taskheft (zur Verfügung ca. eine halbe Seite DIN A4) die Situation aufgezeichnet werden. Es wird für jedes Item ein gezeichneter Schaltkreis verlangt. Eine eigentliche Handlungsanweisung gibt es nicht.

Material: Labormaterial (3 kleine geschlossene Kistchen mit je zwei Anschlüssen, Glühlampen und Kabel mit Verbindungen und Klemmen), handelsübliche Flachbatterie 4.5V.

Aufgabenbeschreibung:

Finde heraus, was sich in den drei Kisten A, B und C befindet ohne sie zu öffnen! Drei der vier unten aufgeführten Elemente stecken in den Kisten A, B und C.

Antwortformate:

- In der Kiste A ist ___________ .
- Zeichne den Stromkreis auf mit dem du dies herausgefunden hast!
- Wie konntest du mit deinem Stromkreis zeigen, was in der Kiste ist?

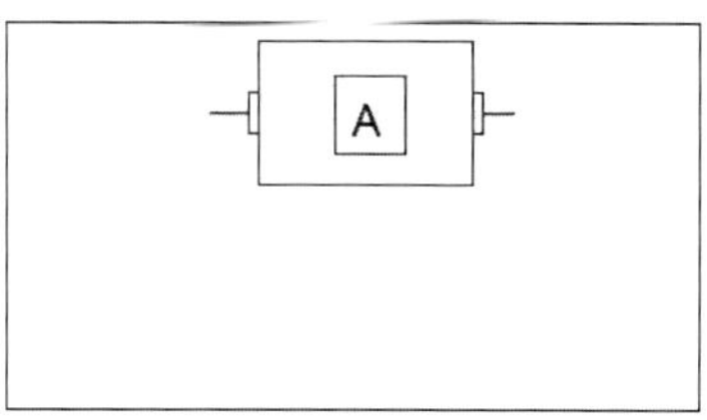

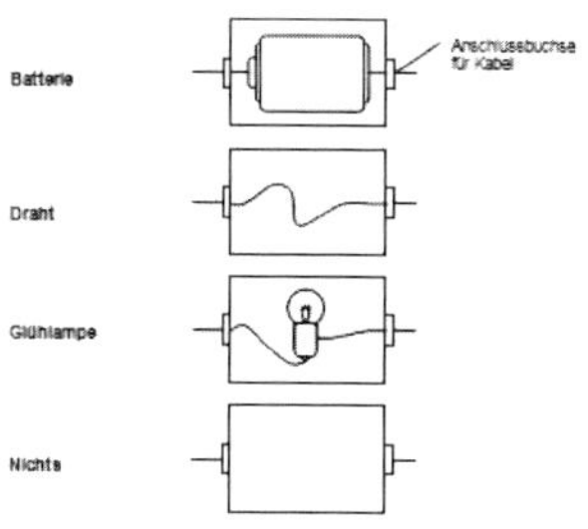

Abbildung 3.7 – Prinzipschema „Rätselhafte Kisten"

[7] Der Task entspricht der Experimentieraufgabe „Mystery boxes", nach Shavelson et al 1991

- **Solarzelle (SO)**

  Der Task Solarzelle umfasst drei Items, die konsekutiv den Ablauf einer eigenständigen Untersuchung nachempfinden lassen: Planung eines Experimentes mit zugehöriger Skizze, Durchführung und Reflexion über allfälligen Misserfolg hinsichtlich des geplanten Vorgehens. Die Antwortformate sind zweimal geschlossen (ja / nein) und einmal (resp. zweimal) offen (Planung, resp. Reflexion bei Misserfolg).

  Material: Labormaterial (Solarzelle und Miniaturventilator, Kabel mit Stecker), handelsübliche Taschenlampe in Batteriebetrieb.

  Aufgabenbeschreibung:

  Benutze eine Solarzelle, um mit dem Licht der Taschenlampe den Ventilator zu betreiben. Baue die abgebildete Schaltung auf.

  Antwortformate:

  1 Braucht der Ventilator beim Anlaufen aus dem Stillstand eine grössere Leistung als während des Dauerbetriebes?
  Plane ein Experiment mit dem du diese Frage mit den gegebenen Hilfsmitteln beantworten kannst.
  - Schreib deinen Plan hier auf.
  - Verdeutliche durch Skizzen welche Grösse(n) du misst.

  2 Führe nun das Experiment durch und beantworte die Ausgangsfrage: Braucht der Ventilator für das Anlaufen aus dem Stillstand eine grössere Leistung als beim Dauerbetrieb? Ja □ Nein □

  3 Hast du deinen Plan wie beschrieben durchgeführt? Ja □ Nein □
  Falls nicht, was hast du anders gemacht?

- **In Reihe oder Parallel? (Re)**

  Der Task „In Reihe oder Parallel?“ umfasst vier Items mit zwei verschiedenen Antwortformaten: zunächst muss zweimal aus je drei Auswahlmöglichkeiten angekreuzt werden und zweimal müssen je zwei vorgegebene Beobachtungen protokolliert werden.

Material: Labormaterial (2 Solarzellen und Miniaturventilator, Kabel mit Stecker), handelsübliche Werkstattlampe in Netzbetrieb 220V und schwarzes Papier.

Aufgabenbeschreibung:

Es gibt zwei Arten, den Ventilator mit zwei Solarzellen zu betreiben: Die Solarzellen können in Reihe (hintereinander) oder parallel (nebeneinander) geschaltet werden. Beachte dazu untenstehende Abbildung.

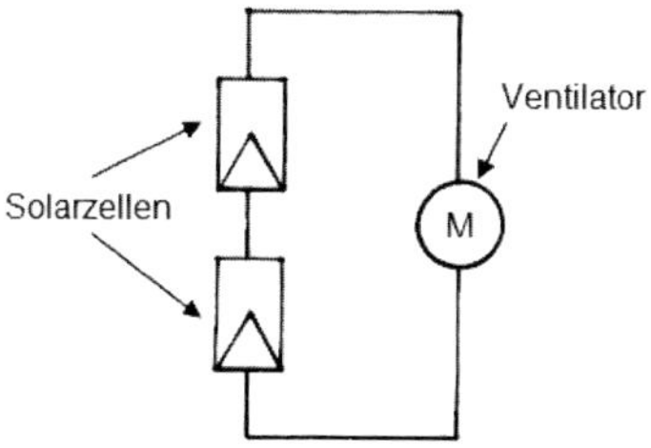

Reihen-Schaltung

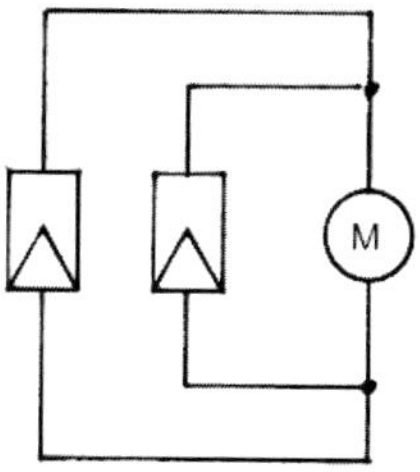

Parallel-Schaltung

Vergleiche die beiden Schaltungen. Baue die Schaltungen nacheinander auf und überlege dir wie du dabei die untenstehenden Fragen beantworten kannst.

Antwortformate:

1 Kreuze an: Bei welcher Schaltung dreht der Ventilator bei gleicher Beleuchtung schneller?

Reihen-Schaltung ☐
Parallel-Schaltung ☐
Kein Unterschied ☐

2 Kreuze an: Bei welcher Schaltung läuft der Ventilator eher aus dem Stillstand an?

Reihen-Schaltung ☐
Parallel-Schaltung ☐
Kein Unterschied ☐

3 Untersuche für beide Schaltungen: Was passiert, wenn du eine der beiden Solarzellen vollständig mit schwarzem Papier abdeckst? Beschreibe deine Beobachtung!

4 Untersuche für beide Schaltungen: Was passiert, wenn du bei einer Solarzelle den roten Anschluss mit dem schwarzen Anschluss vertauschst?

- **Sparlampe (SP)**

  Der Task Sparlampe umfasst sechs Items mit vier verschiedenen Antwortformaten. Zunächst muss eine visuell dargestellte Beobachtung durch Ankreuzen protokolliert werden und einmal muss eine vergleichende Beobachtung in eine dreizeilige Tabelle eingetragen werden. Zweimal muss eine visuell angeleitete Beobachtung durch direktes Einzeichnen in der Experimentskizze eingetragen werden. Einmal besteht die Antwort aus einer Berechnung und dem Notieren der resultierenden Wattzahl und schliesslich muss eine sensorische Empfindung in Protokollform beschrieben und interpretiert werden.

  Material:

  Labormaterial (Grundplatte mit Messhilfe und eine geschaltete Steckleiste), weisses Papier, eine Pipetten-Flasche mit Öl, 4 Werkstattleuchten mit unterschiedlichen Leuchtmitteln.

  Aufgabenbeschreibungen:

  Vergleiche mit Hilfe eines Papiers und einem Ölfleck die Helligkeit zweier Lampen. Gehe wie folgt vor:

  - Führe die Sparlampe A und die Glühlampe G in die Halterungen der Grundplatte ein.
  - Trage in die Mitte des weissen Papiers mit der Pipetten-Flasche einen Ölfleck auf.
  - Halte das Papier mit dem Fleck, wie in der Abbildung, zwischen die Sparlampe und die Glühlampe.
  - Beobachte das Papier von der Glühlampe her.

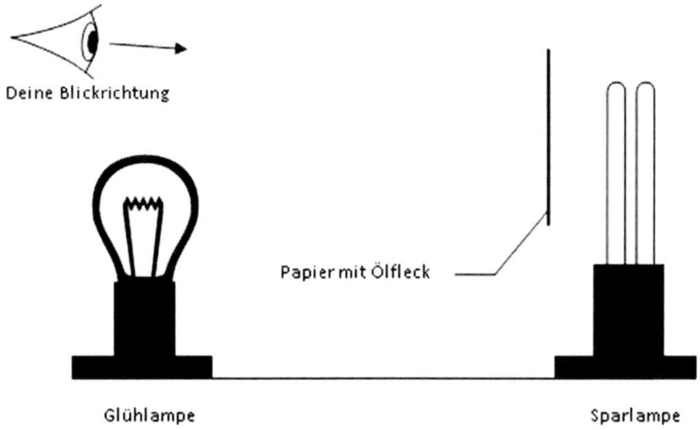

Antwortformate:

1 Kreuze an: Wie siehst du das Papier?

2 Wie müsste das Blatt hingehalten werden, damit du das Papier oben genau umgekehrt angekreuzt hättest?

- Verschiebe das Papier langsam zwischen den Lampen und beobachte wie sich die Helligkeit von Fleck und Papierrand verändern.
- Zeichne die entsprechende Stelle direkt in der Skizze ein.

3 Wo zwischen den beiden Lampen sind Ölfleck und Papierrand genau gleich hell?
Zeichne in die Skizze unten das Papier an der entsprechenden Stelle möglichst genau ein. Beschrifte die Stelle mit dem Buchstaben A der Sparlampe.
Wiederhole die Messung mit den Sparlampen B und C.

- Zeichne in der Skizze unten das Papier an die entsprechenden Stellen möglichst genau ein. Beschrifte die Stellen mit den entsprechenden Buchstaben B und C.

4 Entscheide aufgrund deiner Messung, welche Sparlampe gleich hell ist wie die Glühlampe G.
Ergänze die Tabelle mit „heller als", „dunkler als" oder „gleich hell wie".

5 Lies die Wattzahl an der Sparlampe ab, die gleich hell ist wie die 60 Watt Glühlampe.
Wie viel Energie sparst du pro Tag ein, wenn du statt der 60 Watt Glühlampe die gleich helle Sparlampe verwendest? Nimm an, die Lampen wären 4 Stunden pro Tag eingeschaltet.

6 Was beobachtest du, wenn du das Glas der Werkstattlampen berührst?
Wie lässt sich damit erklären, dass die Sparlampe im Vergleich zur gleich hellen Glühlampe viel weniger elektrischer Energie braucht?

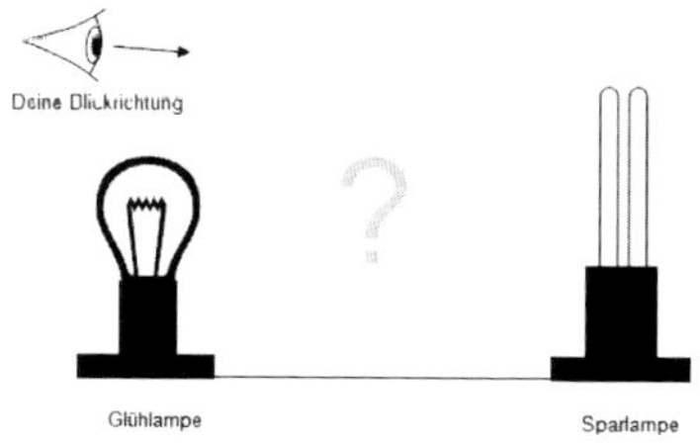

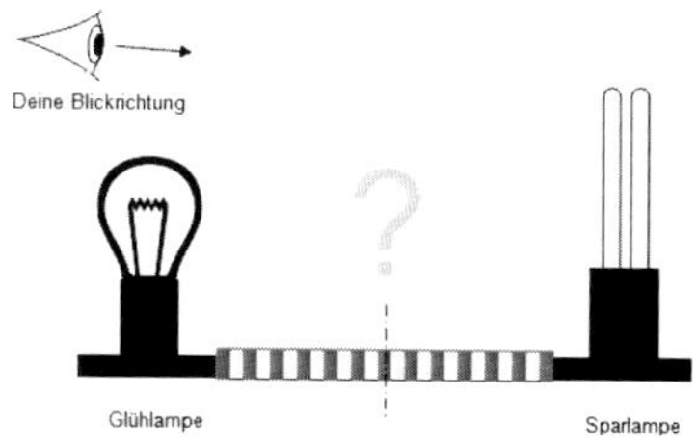

- **Taschenlampe (TA)**

Der Task Taschenlampe umfasst vier Items mit drei verschiedenen Antwortformaten. Zweimal muss eine Begründung für eine Überlegung schriftlich festgehalten werden, einmal müssen 4 vorgegebene Zeichnungen mit je einer Skizze für den Stromkreis versehen werden und schliesslich sind zwei geschlossene Antwortformate zu bearbeiten, bei denen durch Ankreuzen und durch die Nennung der mit Buchstaben codierten Batterien die Lösung angegeben wird.

Material:

Eine Taschenlampe und vier handelsübliche Batterien LR20 (Monozellen).

Aufgabenbeschreibung:

Finde heraus welche Batterien geladen und welche entladen (leer) sind!

- Denke darüber nach, wie du dieses Problem lösen könntest.
- Finde dann heraus, welche Batterien geladen und welche leer sind.

Antwortformate:

1 Welche Batterien sind aufgrund deiner Untersuchung geladen und welche sind leer?
Geladene Batterien: ________________
Entladene (leere) Batterien: ________________

2 <u>Schreibe auf</u>, wie du herausgefunden hast, welche Batterien leer sind.

3 Wie müssen die Batterien in die Taschenlampe gesteckt werden, damit das hellste Licht entsteht? Hier siehst du 4 verschiedene Möglichkeiten, um Batterien in eine Taschenlampe zu stecken.

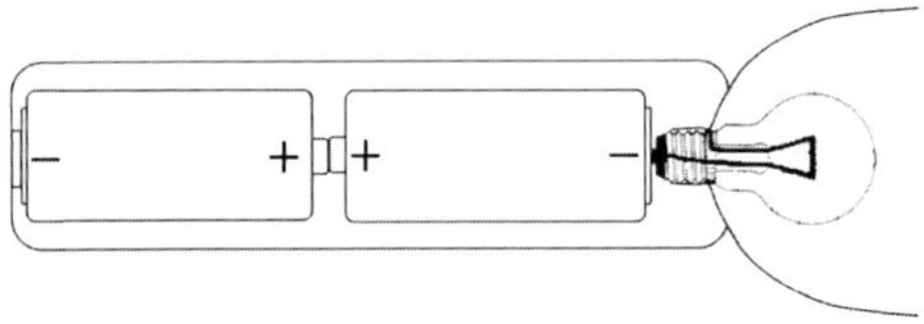

Taschenlampe brennt	Ja	Nein
	☐	☐

[Beispiel]

Falls die Taschenlampe nicht brennt, <u>begründe kurz</u> warum!

Die obenstehenden 6 Tasks wurden auf 6 verschiedene Sets verteilt (vgl. Kap. 3.2). In der nachfolgenden Übersicht sind die 6 Sets mit der entsprechenden Zuordnung aufgeführt. Als weitere zusammenfassende Angaben finden sich in Tab. 3.4 zudem die Anzahl Items pro Task, den Umfang und die Art der Antwortformate und den Umfang der Aufgabenbeschreibungen.

	GL	Ra	SO	Re	SP	TA
Anzahl Items	3	3	3	4	6	4
Anzahl versch. Antwortformate	1	3	3	2	4	3
offenes Antwortformat		3	1 (2)	4	1	5
geschlossenes Antwortformat		3	2	2	2	5
Skizze / Zeichnung / Markierung	3	3	1		2	4
Berechnungen					1	
Anzahl erwartete Sch.äusserungen	3	9	4 (5)	6	6	14
Anzahl Handlungsanweisungen	3	1	3	4	8	2
Set 1	░	░	░			
Set 2		░	░	░		
Set 3			░	░	░	
Set 4				░	░	░
Set 5	░				░	░
Set 6	░	░				░

Tabelle 3.4 – Übersicht der Kennwerte für die 6 Tasks, mit Zuordnung zu den SETs

Diese Oberflächenanalyse erlaubt die Erkenntnis, dass bei den 6 Tasks unterschiedliche Kennwerte auftreten. Während beim ersten Task GL lediglich 3 Reaktionen der SchülerInnen und Schüler in einem einzigen Format festgehalten werden müssen (nämlich drei Skizzen mit Beschriftung), sind es beim Task TA deren 14 verschiedene Äusserungen, die im Antwortbogen in drei unterschiedlichen Formaten verlangt sind. Es drängt sich die Vermutung auf, dass dementsprechend die Tasks auch nicht die exakt gleiche Schwierigkeit aufweisen. Wobei anzufügen ist, dass die Aufgabenschwierigkeit immer eine relative Grösse ist, die vor allem auch vom Vorwissen und anderen Hintergrundvariablen der Probanden abhängt und demzufolge individuell verschieden ist.

Trotzdem stellt sich nun die Frage, wie die Bewertung der Schülerlösungen geschehen soll, damit eine Beurteilung zwischen den drei Sets vergleichbar wird. Diese Überlegungen erweisen sich bei näherer Betrachtung der Items als nicht trivial und sollen nachfolgend exemplarisch am Fall des Tasks „Rätselhafte Kisten (Ra) aufgezeigt werden.

3.4.1. Fallanalyse: Task „Rätselhafte Kisten“

Der Task Ra besteht aus drei identischen Items. Es geht darum, experimentell herauszufinden, was sich in drei geschlossenen Kästchen befindet. Vorgegeben ist, dass in den Kästchen A, B und C je eines von vier möglichen Elementen ist: Entweder eine Batterie, eine Glühlampe, ein Draht oder gar nichts. Die erwartete experimentelle Handlung ist, dass der Proband oder die Probandin nacheinander eine elektrische Schaltung an die Kisten A, B und C anlegt. Zur Verfügung stehen Drahtverbindungen, eine Glühlampe sowie eine Batterie mit den nötigen Klemm- und Steckverbindungen und passenden Buchsen. Das Antwortformat ist bei den drei gleichen Fragestellungen („Was befindet sich in der Kiste?“) ebenfalls identisch und besteht aus drei Teilen: Erstens (a) muss die Bezeichnung für das gesuchte unsichtbare Element aufgeschrieben werden (*Ra_x_1*), zweitens muss der Stromkreis gezeichnet werden, der die Beantwortung ermöglicht hat (*Ra_x_2*) und drittens muss in einem kurzen Text (*Ra_x_3*) begründet werden, weshalb aus dem Stromkreis (d.h. aus dem Experiment) die Antwort (a) folgt.

Zunächst kann festgestellt werden, dass die Überlegungen, die zur Lösung der Items Ra_x_2 und Ra_x_3 führen, auch rein gedanklich gemacht werden können. Um jedoch die Antwort auf die Items Ra_x_1 zu bestimmen, muss zwingend praktisch gehandelt werden. Die Überlegungen die zur Lösung führen, sind simpel: Mit dem vorhandenen Material können zwei verschiedene Stromkreise gebaut werden mit Hilfe derer die Elemente innerhalb der drei Kisten identifiziert werden können.

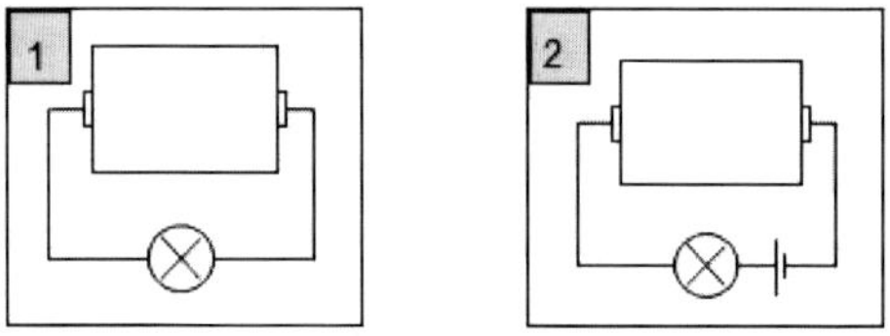

Abbildung 3.8 – Die beiden Schaltkreise x und y zur Lösung von Ra_x_1

Der Schaltkreis 1 identifiziert zweifelsfrei die Batterie, mit Hilfe von Schaltkreis 2 lassen sich Draht und Glühlampe identifizieren (falls beide Elemente versteckt sind, leuchtet die externe Glühlampe im Fall eines verborgenen Drahtes heller als bei der verborgenen Glühlampe) und durch aufeinanderfolgendes Anlegen von beiden Schaltkreisen 1 und 2 lässt sich zweifelsfrei bestimmen, dass in der Box die Verbindung zwischen den Anschlussbuchsen fehlt (= dass „nichts" drin ist). Falls also die Items Ra_x_1, die eigentliche Experimentierfrage „Was ist in den Kisten?", richtig beantwortet wird, ist fraglich, ob die Bestimmung der beiden anderen Items Ra_x_2 und Ra_x_3 noch sinnvoll ist. Denn die Überlegungen, die eine Schülerin oder ein Schüler allenfalls in Gedanken gemacht hat, könnten richtig oder auch falsch sein, doch falls die anderen beiden Items leer gelassen werden, ist zumindest fraglich, worauf dieses Antwortverhalten schliessen lässt. Auch der Fall wo ein Item Ra_x_1 richtig beantwortet wird, hingegen die folgenden Items Ra_x_2 und Ra_x_3 falsch, ist zumindest ein Dilemma: Prinzipiell ist eine falsche Begründung für eine richtige Behauptung insgesamt eher falsch, währenddessen die richtige Begründung für eine falsche Behauptung auch als richtig taxiert werden könnte.

Exemplarisch für die ersten drei Items des Tasks Ra (Ra_1_1 bis Ra_1_3) sind nachfolgend die Resultate des Items Ra_1_1 dargestellt. Die Grösse n der Gesamtstichprobe betrug 1707. Ungefähr die Hälfte der Gesamtstichprobe (nämlich 855 Schülerinnen und Schüler, d.h. 50.1%) hat den Task Ra bearbeitet.

Ra_1.1

		Häufigkeit	Prozent	Gültige Prozente	Kumulierte Prozente
Gültig	0	204	23.9	23.9	23.9
	1	460	53.8	53.8	77.7
	9	191	22.3	22.3	100.0
	Gesamt	855	100.0	100.0	

Tabelle 3.5 – Häufigkeitsverteilung der Beantwortung von Item Ra_1_1. „0" bedeutet falsch, „1" richtig beantwortet und „9" bedeutet fehlend.

Mehr als die Hälfte aller bearbeiteten Items Ra_1_1 wurden richtig gelöst (460 von 855, d.h. 53.8%). In 59 Fällen (12.8%) der richtig gelösten Items Ra_1_1 wurden die nachfolgenden beiden Items Ra_1_2 und Ra_1_3 entweder falsch gelöst oder fehlten auf dem Antwortbogen. Wenn man die folgenden beiden (identischen) Tasks Ra_2_x und Ra_3_x in die Betrachtung miteinbezieht, ergibt sich folgendes Bild: Insgesamt 10 Probanden (3 aus der Schweiz, 5 aus Deutschland und 2 aus Finnland, über alle 4 Schultypen verteilt) haben alle drei Forschungsfragen des Tasks Ra_x_1 („Was befindet sich in der Kiste?") richtig beantwortet, jedoch gleichzeitig alle Folgeaufgaben (Skizze des Schaltkreises und Begründung) entweder falsch oder gar nicht gelöst. Exemplarisch sei nachfolgend ein Fall zur Verdeutlichung präsentiert:

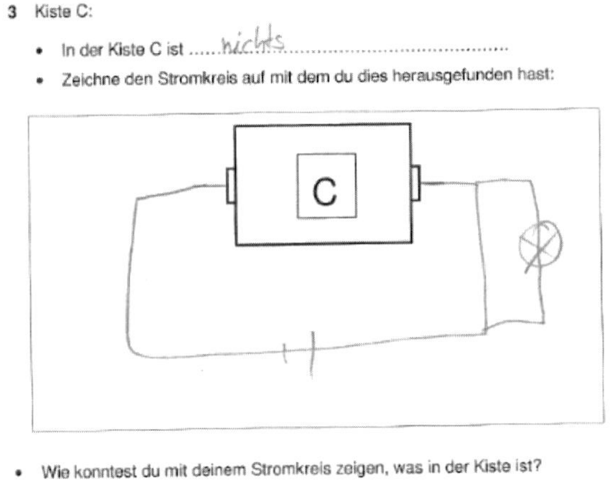

Abbildung 3.9 – Lösungsbeispiel für Task Ra_3, Schüler D-3-37-01-02. Ra_3.1 ist richtig, Ra_3.2 ist falsch gelöst und Ra_3.3 fehlt.

Mögliche Interpretationen dieser Schülerlösung:

- Der Schüler hat beim ersten Item jeweils die Lösung erraten (p=4.2%[8]).
- Der Schüler hat zwar die richtigen beiden Schaltungen aufgebaut und so gezielt die richtige Lösung bei Ra_x.1 bestimmt, er hat jedoch beim Aufzeichnen quasi beide Schaltkreise in einem Bild zeichnen wollen, was keinen Sinn macht und somit falsch ist.

---

[8] Anzahl der Variationen = $\frac{n!}{(n-k)!}$ =24, für n=4 und k=3; p=1/24.

- Der Schüler war zu faul oder hatte keine Zeit zur Verfügung um die Begründung seiner richtigen Lösung in Worte zu fassen. Oder aber er weigerte sich schlicht, diese beiden Items zu lösen.

Die Schwierigkeit der Interpretation dieser Schülerleistung besteht nun in der Beurteilung. Weil die Annahme, der Schüler könnte zufällig auf die richtige Lösung von Ra_x.1 gekommen sein, eher unwahrscheinlich ist, kann man davon ausgehen, dass er einerseits wirklich das praktische Experiment durchgeführt hat und somit die Aufgabe im verlangten Sinne gelöst hat – dafür müsste er also die volle Punktzahl erhalten. Anderseits bleibt er aber sozusagen den Beweis dafür schuldig. Falls der Task Ra nun mit 9 Punkten bewertet werden soll, hat dieser Schüler eine Punktzahl von 3. Das entspricht einem Drittel der vollständigen Lösung.

Zum Vergleich sei ein weiteres Schülerbeispiel exemplarisch aufgezeigt. In diesem Beispiel handelt es sich um den Fall, dass jeweils im gesamten Task das erste Item (also die eigentliche Forschungsfrage („Was befindet sich in der Kiste=?") falsch beantwortet wurde (dies war bei 8.4% der bearbeiteten Tasks Ra der Fall), mindestens ein zweites Item jedoch richtig, aber nicht unbedingt folgerichtig. Derartige Fälle finden sich in immerhin 37 Lösungsbögen. Dies entspricht 51.4% der Fälle mit ausschliesslich falschen Antworten auf das erste Item, oder 4.3% der gesamthaft bearbeiteten Tasks Ra.

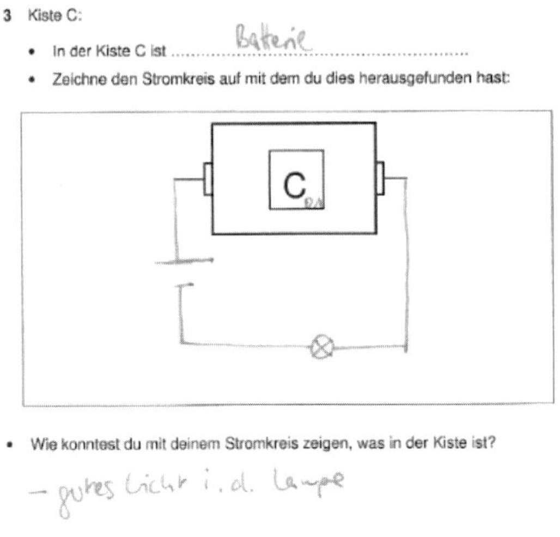
3 Kiste C:

- In der Kiste C ist ...Batterie...
- Zeichne den Stromkreis auf mit dem du dies herausgefunden hast:

- Wie konntest du mit deinem Stromkreis zeigen, was in der Kiste ist?

– gutes Licht i. d. Lampe

Abbildung 3.10 - Lösungsbeispiel für Task Ra_3, Schüler D-3-34-01-20. Ra_3.1 ist falsch, Ra_3.2 ist richtig und Ra_3.3 falsch gelöst.

Die richtigen Lösungen für die drei ersten Items bei diesem Schüler und gegenübergestellt seine Antworten sind aus Tab. 3.6 ersichtlich.

	Ra_1.1	**Ra_2.1**	**Ra_3.1**
richtige Lösung	Batterie	Glühlampe	Draht
Schülerlösung	Glühlampe	Draht	Batterie

Tabelle 3.6 – Gegenüberstellung der richtigen Lösungen und der falschen Schülerlösungen von Schüler D-3-34-01-20 bezüglich der Items Ra_x.1.

Im oben abgebildeten Beispiel (Ra_3.x) wird also der richtige Schaltkreis für eine falsche Lösung angegeben. Diese Lösung in Ra_3.2 hat der Schüler dreimal gezeichnet und wird dafür mit drei richtig gelösten Items beurteilt. Auch in diesem Fall ist die Bewertung der Schülerleistung zu hinterfragen: Er würde demzufolge (genau gleich wie beim Beispiel weiter oben, D-3-37-01-02) 3 von möglichen 9 Punkten erhalten.

Zusammen mit der Codierung der Schülerantworten von D-3-34-01-20 der Items Ra_x.3, die alle als falsch beurteilt wurden (es wird mit der Helligkeit der leuchtenden Lampe argumentiert), lässt sich folgende mögliche Interpretation der geleisteten Schüleraktivität ableiten:

- Der Schüler hat ausschliesslich mit dem in Ra_x.2 gezeichneten Schaltkreis experimentiert.
- Für die Unterscheidung der (richtigen) Lösungen Draht und Batterie wäre die Untersuchung mittels eines zweiten Schaltkreises (nämlich ohne Einsatz der Batterie im Schaltkreis) sinnvoll oder sogar nötig gewesen, dies hat der Schüler aber (vermutlich) unterlassen.
- Die zwei unterschiedlichen Kombinationsmöglichkeiten von zwei Spannungsquellen, nämlich die zwei Arten der Polung der externen Batterie mit einer allfällig in der Kiste verborgenen Batterie (Ra_1.1) wurden von diesem Schüler (vermutlich) nicht beachtet.
- Die als richtig bewerteten Schülerantworten beziehen sich auf die tatsächlichen Lösungen, die er aber eben gerade *nicht* gefunden hat.
- Alle Begründungen Ra_x.3 werden als falsch beurteilt, womit prinzipiell in Frage gestellt werden kann, ob die (angebliche) experimentelle Methode, die zu 3 falschen Ergebnissen führte, überhaupt so als richtig zu beurteilen ist.

Auch dieser Schüler hat 3 von 9 Items richtig gelöst. Er hat die eigentliche Experimentieraufgabe (nämlich die experimentelle Beantwortung der Frage „Was steckt in den drei Kisten?“) dreimal falsch beantwortet. Dafür sind die drei zur Lösungsfindung veranschaulichenden Schaltskizzen als richtig codiert worden: Der Schüler hat dreimal den gleichen Schaltkreis gezeichnet (und hat diesen vermutlich auch im Experiment aufgebaut). Die Begründung für die Lösungsfindung wurde indessen dreimal als falsch gelöst codiert. Bei diesem Task lässt sich demzufolge feststellen, dass die Unterscheidung zwischen der Lösung, der Lösungsfindung als Antworttext und deren visueller Veranschaulichung mittels Schaltskizze schwierig ist.

Damit ist das Dilemma bei der Bewertung des Tasks Ra „Rätselhafte Kisten“ exemplarisch aufgezeigt. In zwei unterschiedlichen Fällen erreichen zwei verschiedene Schüler die gleiche Punktzahl (3 von 9 möglichen Punkten), wenn man die einzelnen Items rein additiv berücksichtigt. Diese Art der Bewertung widerspiegelt aber nur sehr ungenau die tatsächlich erbrachte Leistung in Bezug auf das experimentierende Handeln der Probanden und verfälscht möglicherweise das Bild der effektiv geleisteten Experimentiertätigkeit. Aus diesem Grund schlage ich für die Beurteilung dieses Tasks folgende Bewertungsregeln vor: Das erste Item erhält das Gewicht 10, es ist hinsichtlich der praktischen Experimentiertätigkeit das wichtigste Item dieses Tasks. Das dritte Item wird mit 6 gewichtet, weil eine richtige und konsistente Begründung für den Lösungsweg bedeutsam ist und zudem das Antwortformat (freier Text) anspruchsvoller ist als die Skizze eines Stromkreises, zumal dieser wenig komplex ist – deshalb wird das zweite Item nur mit 4 gewichtet. Somit wird eine vollständig richtige Lösung des Tasks Ra mit 60 Punkten[9] bewertet. Der unwahrscheinlich erscheinende Fall, dass die Items 2 und 3 richtig beantwortet wären bei gleichzeitig falscher Lösung von Item 1, wäre demnach gleich zu bewerten wie des erste Bsp. (vgl. oben) des Schülers D-3-37-01-02, d.h. richtige Lösung des ersten Items bei gleichzeitig falscher Lösung der Items 2 und 3. In beiden Fällen würde das Ergebnis des Tasks Ra mit 30 Punkten bewertet, was der Hälfte der maximal erreichbaren Punktzahl entspricht. Ein Blick auf die Daten der Stichprobe zeigt indessen, dass jener Fall (im Gegensatz zum ausgeführten Beispiel, vgl. oben) nicht vorkommt. Dies kann als Hinweis auf einen sinnvollen Bewertungsschlüssel gedeutet werden.

Um die sechs verschiedenen Tasks ansatzweise vergleichbar zu machen, werden sie hinsichtlich der Item-Bewertungen homogenisiert. Jeder komplett richtig gelöste Task soll mit 60 Punkten bewertet werden können. Dies verlangt eine je individuelle Gewichtung der Items. In Tabelle 3.7 sind die verschiedenen Gewichtungen einander gegenübergestellt. Die Überlegungen, welche zu den unterschiedlichen Gewichtungen der Items geführt haben, sind vergleichbar mit den oben exemplarisch dargelegten Ausführungen zum Task Ra „Rätselhafte Kisten“. Die modellierte Variable heisst *SIET_normiert*.

Es soll mit diesem Vorschlag jedoch keinesfalls der Anspruch erhoben werden, dass das grundsätzliche Problem gelöst sei. Selbstverständlich kann mit dieser oberflächlichen Itemanalyse nicht annähernd sichergestellt werden,

[9] Gewichtung: 10*Ra_x.1, 4*Ra_x.2, 6*Ra_x.3; 3*(10 + 4 + 6) = 60

		GL		Ra		SO		Re		SP		TA
Item 1	GL_1	18	Ra_x.1	10	SO_1	30	Re_1	12	SP_1	6	TA_1	20
Item 2	GL_2	21	Ra_x.2	6	SO_2	20	Re_2	12	SP_2	10	TA_2	10
Item 3	GL_3	21	Ra_x.3	4	SO_3	10	Re_3.1	8	SP_3	12	TA_3.y	5
Item 4							Re_3.2	8	SP_4	12	TA_4	10
Item 5							Re_4.1	10	SP_5	10		
Item 6							Re_4.2	10	SP_6	10		
				20								
Punkte, total		60		60		60		60		60		60
			x=1...3	3*20							y=1...4	4*5

Tabelle 3.7 – Zusammenstellung der vorgeschlagenen Gewichtungen innerhalb jedes Tasks.

dass eine gleiche Punktzahl einer exakt vergleichbaren Leistung im Experimentiertest entspricht. Das ist indessen nur schon auf Grund des unterschiedlichen Schwierigkeitsgrades der Aufgabenstellungen hinsichtlich Verständlichkeit und Umfang, sowie schliesslich wegen der unterschiedlichen Zusammensetzung der Tasksets nicht möglich. Die individuelle Itemschwierigkeit wird weiter unten noch aus statistischer Sicht thematisiert.

3.5. Stichprobe und Daten

Die untersuchte Stichprobe für den Experimentiertest ist mit der Gesamtstichprobe von QuIP identisch. Von der Gesamtzahl der getesteten Schülerinnen und Schüler in den drei verglichenen Ländern Deutschland, Finnland und der Schweiz fallen jedoch einige auf Grund nicht weiter nachvollziehbarer Dateninkonsistenzen weg. Vermutlich handelt es sich bei diesen Datenlücken um die Abwesenheit (wie Krankheit, unvorhergesehene Absenzen) von einzelnen Jugendlichen am betreffenden Tag des Tests. Tab. 3.8 gibt einen Überblick über die Verteilung der Tasksets.

SEPT					
		Häufigkeit	Prozent	Gültige Prozente	Kumulierte Prozente
Gültig	1	296	17.4	17.4	17.4
	2	300	17.7	17.7	35.1
	3	287	16.9	16.9	52.0
	4	279	16.4	16.4	68.5
	5	277	16.3	16.3	84.8
	6	258	15.2	15.2	100.0
	Gesamt	1697	100.0	100.0	

Tabelle 3.8 – Verteilung der Tasksets (SEPT) auf die Teilstichprobe des Experimentiertests.

Die Verteilung der Stichprobe auf die drei Länder ist aus Tab. 3.9 ersichtlich.

Land					
		Häufigkeit	Prozent	Gültige Prozente	Kumulierte Prozente
Gültig	D	860	50.7	50.7	50.7
	F	328	19.3	19.3	70.0
	S	509	30.0	30.0	100.0
	Gesamt	1697	100.0	100.0	

Tabelle 3.9 – Verteilung der Stichprobe auf die teilnehmenden Länder D=Deutschland, F=Finnland und S=Schweiz.

Auffallend ist die ungleiche Verteilung der Schülerzahlen in den Teilstichproben bezüglich der drei untersuchten Länder. Dies hängt u.a. damit zusammen, dass mehrere Forschungsschwerpunkte auf Klassenebene liegen. Beim Vergleich der Anzahl Klassen sind die Unterschiede zwischen den betrachteten Teilstichproben geringer (in Klammern sind die durchschnittlichen Schülerzahlen pro Klasse angegeben):

- Deutschland: 37 Klassen (23.3)
- Finnland: 25 Klassen (13.1)
- Schweiz: 31 Klassen (16.4)

Dabei fällt auf, dass es zwischen den Teilstichproben einen beträchtlichen Unterschied bezüglich der durchschnittlichen Klassengrössen gibt. In Deutschland ist dieser Durchschnitt um 40 – 75% höher als in den beiden anderen Ländern. Bezüglich der Schultypen sieht der Ländervergleich wie folgt aus:

Deutschland

Type

		Häufigkeit	Prozent
Gültig	0	234	27.2
	1	125	14.5
	2	161	18.7
	3	340	39.5
	Gesamt	860	100.0

Schweiz

Type

		Häufigkeit	Prozent
Gültig	0	61	12.0
	1	144	28.3
	2	174	34.2
	3	130	25.5
	Gesamt	509	100.0

Tabelle 3.10 – Verteilung der Schultypen: 0: Gesamtschule, 1: tiefstes Leistungsniveau, 2: mittleres Leistungsniveau, 3: höchstes Leistungsniveau (Gymnasium).

In Deutschland ist der Schultyp 3 überproportional, sowie die Schultypen 1 und 2 unterproportional repräsentiert. Der Schultyp 1 (Hauptschule) wurde nur aus G-Kursen von Gesamtschulen miteinbezogen (vgl. auch Kap. 3.1, S. 23). In der Schweiz ist der Schultyp 0 untervertreten und der Schultyp 2 leicht übervertreten. In Finnland wird in der Schule keine Unterscheidung zwischen Leistungstypen gemacht.

Der Unterschied nach Geschlechtern zeigt über die gesamte Stichprobe ein ausgewogenes Verhältnis (45.2% Mädchen und 47.6% Knaben); der leichte Unterschied bei der Anzahl bezüglich Geschlechterzugehörigkeit ist auch in den einzelnen Ländern hinreichend gleich ausgeprägt. Tab. 3.11 stellt die Verteilung der Gesamtstichprobe hinsichtlich Geschlechterzugehörigkeit dar.

GENDER

		Häufigkeit	Prozent
Gültig	1	767	45.2
	2	808	47.6
	99	122	7.2
	Gesamt	1697	100.0

Tabelle 3.11 – Verteilung der Geschlechterzugehörigkeit: 1=Mädchen, 2=Knaben, 99=keine Angabe.

Die Gesamtstichprobe wurde in Abhängigkeit des jeweils für entsprechende Alterskohorten geltenden Curriculums in Naturwissenschaften, genauer im Fach Physik (Thema: Elektrische Energie und Leistung), gezogen. Es wurden Schülerinnen und Schüler des 9. (resp. 10.) Schuljahres in die Studie miteinbezogen. Deren Verteilung bezüglich des Lebensalters ist in Tab. 3.12 dargestellt.

Alter		
N	Gültig	1699
	Fehlend	0
Mittelwert		15.8451
Standardabweichung		.63167
Varianz		.399
Minimum		14.04
Maximum		18.69

Tabelle 3.12 – Verteilung des Alters der beteiligten Schülerinnen und Schüler in der Gesamtstichprobe.

Die Verteilung des Lebensalters der getesteten Jugendlichen im Vergleich zwischen den drei beteiligten Ländern zeigt keine massgeblichen Unterschiede, vgl. Tab. 3.13 für die Werte der zentralen Tendenz hinsichtlich des Alters.

	Deutschland	**Finnland**	**Schweiz**
Mittelwert	16.1	15.6	15.5
Standardabweichung	0.59	0.37	0.63
Minimum	14.1	15.0	14.0
Maximum	18.2	18.2	18.7

Tabelle 3.13 – Vergleich der Altersverteilungen zwischen den beteiligten Ländern.

4. Datenanalyse

4.1. Items und Bewertungsverfahren

Die Daten des Forschungsprojektes QuIP lagen zum Zeitpunkt der Erstellung der vorliegenden Untersuchung bereits in vollständig codierter Form vor. Die Erhebungen lieferten mehrere Datensammlungen. Einerseits liegt ein Datensatz in elektronischer Form vor (MS EXCEL Datenblatt), in dem die Befragungen zum Schülerhintergrund und die Leistungserhebungen im Prä- und im Posttest zusammengefasst und bewertet vorliegen. Das eingesetzte Instrument CKPT (*Content Knowledge Paper and Pencil Test*) umfasst offene und geschlossene Items unterschiedlicher Schwierigkeitsgrade zu den Themenbereichen Energie und Elektrizität und wurde von Geller et al (Geller, in Vorb., zit. nach Börlin, in Vorb.) entwickelt (vgl. Anh. 1). Die Daten aus dem Experimentiertest (SIET) liegen ebenfalls in codierter Form als MS EXCEL Datenblatt vor (Quelle: Johannes Börlin).

Die codierten Werte der Variablen aller Datensammlungen wurden anhand der eindeutigen Schüler – IDs (Codierung der Probandinnen und Probanden anhand Länder-, Typen-, Klassen- und individueller Ordinalcodes) zusammengefügt und zwecks weiterer Verarbeitung in SPSS importiert. Die so erstellte Datenmatrix umfasst insgesamt 497 Variablen (Experimentiertest alleine: 91) und 1699 Fälle. Die codierten Ergebnisse aus dem Experimentiertest wurden in Berücksichtigung der jeweiligen Itemschwierigkeit (vgl. Kap. 3.4, Tab.3.7) an deren Mittelwert der Teilstichprobe relativiert. Die so erhaltene Variable wurde zudem mit einem konstanten Faktor in eine gut lesbare Form mit Mittelwert 500 über die Gesamtstichprobe transformiert, sie wird *„SIET_normiert“* genannt. Abb. 4.1 gibt einen Überblick über das Resultat des Experimentiertests in der Gesamtstichprobe.

Die Analyse nach Klassen macht beim Experimentiertest nur mit Einschränkung Sinn, da die einzelnen Schülerinnen und Schüler jeder Klasse jeweils verschiedene Task Sets bearbeitet haben. Demgegenüber kann indessen die Gesamtheit aller Probanden, die ein bestimmtes Set gelöst haben, untersucht werden. Nachstehend sind die sechs verschiedenen Task

Sets hinsichtlich ihrer statistischen Kennwerte der zentralen Tendenz und der Dispersion im Vergleich dargestellt (vgl. Tab. 4.1).

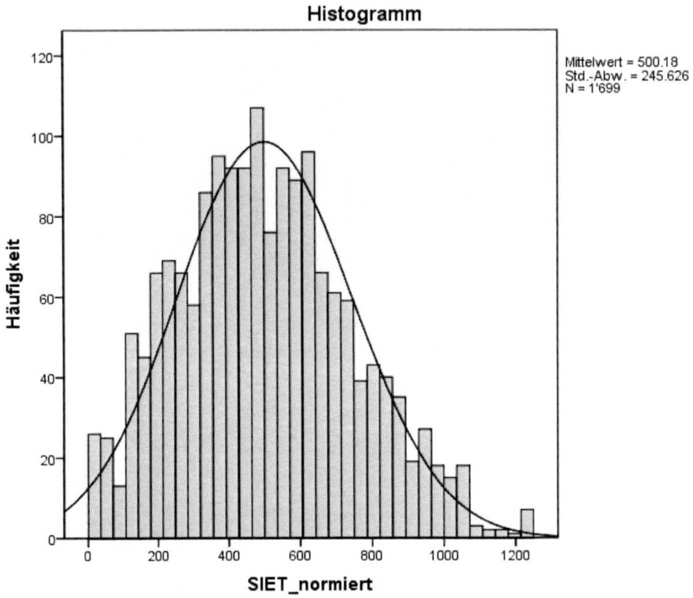

Abbildung 4.1 – Verteilung der Resultate des Experimentiertests über die Gesamtstichprobe.

	Set 1	Set 2	Set 3	Set 4	Set 5	Set 6
Anzahl Fälle n	296	300	287	279	277	258
Mittelwert	490	507	488	488	500	532
Standardabweichung	307	250	229	190	236	240

Tabelle 4.1 – Vergleich der Task Sets hinsichtlich ihrer statistischen Kennwerte.

Die Beurteilung der Itemschwierigkeit ist eine eigenständige Problemstellung. Aus statistischer Sicht kann ergänzend zu den qualitativen Aspekten (vgl. Kap. 3.4) festgehalten werden, dass alle Items von ungefähr der Hälfte der Gesamtstichprobe[10] bearbeitet wurden. Die prozentuale Verteilung der richtig gelösten Items streut zwischen 90.7% (TA_3.2) und 2.0% (SP_5), was eine extrem stark variierende Schwierigkeit der zu lösenden Aufgaben indiziert. Das

[10] Stichprobe n=1699, Mittelwert der Anzahl bearbeiteter Items m=849, Standardabweichung s=22.6

Item mit dem tiefsten Wert (SP_5) ist die Berechnungsaufgabe, die für eine richtige Lösung gar keine praktische Handlung verlangt. Der Mittelwert der prozentualen Verteilung der Itemschwierigkeit beträgt 49.5% bei einer Standardabweichung von 22.5%.

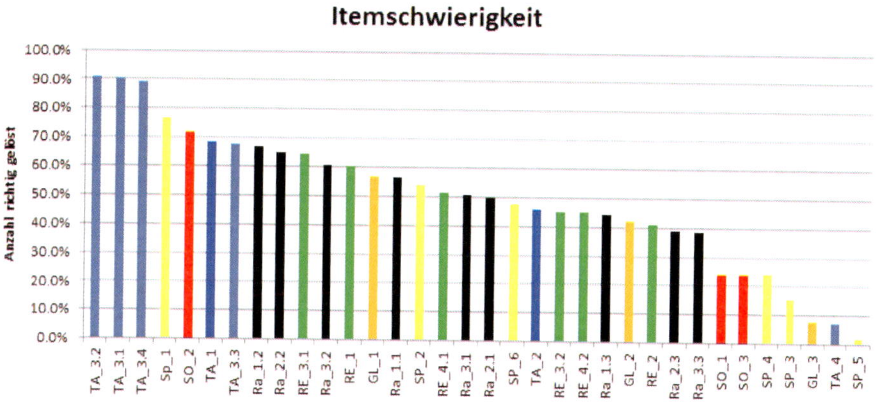

Abbildung 4.2 – Ausprägungen der Itemschwierigkeit, als prozentuale Häufigkeit der als richtig gelöst codierten Items.
Legende und Farben:

TA „Taschenlampe"	SP „Sparlampe"	SO „Solarzellen"
Ra „Rätselhafte Kisten"	Re „in Serie / parallel"	GL „Glühlampen"

Damit ergibt sich die Streuung der richtigen Lösungen, verteilt über die sechs Tasks (mit ungewichteten Items), ersichtlich aus Abb.4.2. Es wurden die Mittelwerte der Prozentwerte an richtigen Lösungen der einzelnen Items jedes Tasks gebildet.

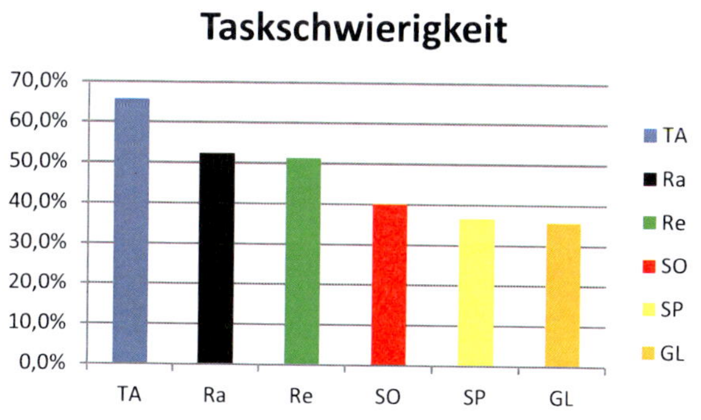

Abbildung 4.3 – Prozentuale Verteilung der Tasks hinsichtlich richtig gelöster Items.

Aus Abb. 4.3 ist ersichtlich, dass eine Kombination der Tasks TA / Ra / Re gegenüber einem Taskset SO / SP / GL problematisch wäre. Diese beiden Kombinationen wurden jedoch im Rahmen des Experimentiertests im Projekt QuIP nicht eingesetzt.

4.2. Methodisches Vorgehen und Ergebnisse

Zunächst wird untersucht, ob der Experimentiertest im Rahmen von QuIP im Vergleich zu einem herkömmlichen *Paper and Pencil Test* ein abweichendes Resultat hinsichtlich der erbrachten Leistungen aufzeigt. Die statistischen Kennwerte sind aus Tab. 4.2 ersichtlich.

						95%-Konfidenzintervall für den Mittelwert	
		N	Mittelwert	Standardabweichung	Standardfehler	Untergrenze	Obergrenze
SIET_normiert	1 Deutschland	862	476.87	236.465	8.054	461.06	492.68
	2 Schweiz	509	536.22	255.654	11.332	513.96	558.49
	3 Finnland	328	505.49	247.058	13.642	478.66	532.33
	Gesamt	1699	500.18	245.626	5.959	488.49	511.86
Pre_normiert	1 Deutschland	811	502.86	92.622	3.252	496.48	509.25
	2 Schweiz	476	476.18	98.795	4.528	467.28	485.08
	3 Finnland	310	487.48	87.017	4.942	477.76	497.21
	Gesamt	1597	491.92	94.146	2.356	487.30	496.55
Post_normiert	1 Deutschland	858	509.98	93.616	3.196	503.71	516.26
	2 Schweiz	508	508.12	106.120	4.708	498.87	517.37
	3 Finnland	325	538.39	102.191	5.669	527.24	549.55
	Gesamt	1691	514.88	99.785	2.427	510.12	519.64

Tabelle 4.2 - Häufigkeitsverteilung der Testgrössen aus dem Experimentiertest (*SIET_normiert*) und dem schriftlichen Leistungstest CKPT (*Pre_*- und *Post_normiert*).

Aus dem Vergleich der Mittelwerte kann geschlossen werden, dass die Leistung der Schülerinnen und Schüler in den drei verglichenen Ländern verschieden ist. Im schriftlichen Leistungstest steht die Schweiz im Vergleich zu den beiden anderen Ländern jeweils an letzter Stelle und zwar sowohl im Prä-, als auch im Posttest. Dafür ergab der Mittelwert der erbrachten Leistungen im schweizerischen Experimentiertest vergleichsweise das beste Resultat gegenüber Deutschland und Finnland. Nachfolgend werden die Variablen *Pre_normiert* und *Post_normiert*, die beide aus dem CKPT (vgl. Kap. 4.1) erhoben wurden, zusammen mit der modellierten Variable *SIET_normiert* (vgl. Kap 3.4, S. 50) einer einseitigen Varianzanalyse unterzogen. Die drei Mittelwerte der Leistungsbewertungen sind signifikant verschieden in den drei untersuchten Ländern (F zwischen 9.5 und 11.3, vgl. Tab. 4.3).

ONEWAY ANOVA

		Quadratsumme	df	Mittel der Quadrate	F	Signifikanz
SIET_normiert	Zwischen den Gruppen	1138952.728	2	569476.364	9.534	.000
	Innerhalb der Gruppen	1.013E8	1696	59731.711		
	Gesamt	1.024E8	1698			
Pre_normiert	Zwischen den Gruppen	221168.784	2	110584.392	12.659	.000
	Innerhalb der Gruppen	1.392E7	1594	8735.761		
	Gesamt	1.415E7	1596			
Post_normiert	Zwischen den Gruppen	223479.978	2	111739.989	11.360	.000
	Innerhalb der Gruppen	1.660E7	1688	9836.367		
	Gesamt	1.683E7	1690			

Tabelle 4.3 – Varianzanalyse der Mittelwerte der drei Bewertungsvariablen aus dem schriftlichen und dem Experimentiertest: H_0 – *Die Mittelwerte der Testergebnisse der drei Länder unterscheiden sich nicht*, wird abgelehnt mit F-Werten zwischen 9.5 und 11.3.

Der anschliessende Post-Hoc – Test (Tukey, $\alpha=0.05$) zur paarweisen Prüfung der Mittelwertdifferenzen ergibt einen signifikant höheren Wert für das bessere Abschneiden der Schweizer Schülerinnen und Schüler gegenüber Deutschlands Stichprobe im Fall des Experimentiertests. Umgekehrt zeigt der Test, dass Deutschland im Prätest gegenüber der Schweiz signifikant besser abgeschnitten hat. Die Werte des Posttests sagen aus, dass Finnland sowohl gegenüber der Schweiz als auch im Vergleich zu Deutschland signifikant bessere Leistungen in den betrachteten Stichproben zeigte. Die besonders zu beachtenden Kennwerte sind farblich hervorgehoben, vgl. Tab. 4.4.

Tukey-HSD

Abhängige Variable	(I) Country	(J) Country	Mittlere Differenz (I-J)	Standardfehler	Signifikanz
SIET_normiert	1 Deutschland	2 Schweiz	-59.355*	13.662	.000
		3 Finnland	-28.626	15.856	.168
	2 Schweiz	1 Deutschland	59.355*	13.662	.000
		3 Finnland	30.729	17.305	.178
	3 Finnland	1 Deutschland	28.626	15.856	.168
		2 Schweiz	-30.729	17.305	.178
Pre_normiert	1 Deutschland	2 Schweiz	26.685*	5.397	.000
		3 Finnland	15.379*	6.241	.037
	2 Schweiz	1 Deutschland	-26.685*	5.397	.000
		3 Finnland	-11.305	6.821	.222
	3 Finnland	1 Deutschland	-15.379*	6.241	.037
		2 Schweiz	11.305	6.821	.222
Post_normiert	1 Deutschland	2 Schweiz	1.867	5.552	.940
		3 Finnland	-28.409*	6.460	.000
	2 Schweiz	1 Deutschland	-1.867	5.552	.940
		3 Finnland	-30.276*	7.045	.000
	3 Finnland	1 Deutschland	28.409*	6.460	.000
		2 Schweiz	30.276*	7.045	.000

*. Die Differenz der Mittelwerte ist auf dem Niveau 0.05 signifikant.

Tabelle 4.4 –Post-Hoc – Test nach Tukey (α=0.05) für die Mittelwerte der drei Bewertungsvariablen aus dem schriftlichen (*Pre_normiert* und *Post_normiert*) und dem Experimentiertest (*SIET_normiert*).

Nachfolgend wird die Variable *SIET_normiert* als Indikator für die erbrachte Leistung im Experimentiertest weiteren Analysen unterzogen zwecks Vergleich der drei untersuchten Länder im Hinblick auf die latenten Variablen „Zugehörigkeit zu Schultypen" und „Geschlechterzugehörigkeit".

4.2.1. Vergleich bezüglich der Schultypen

Werden die Leistungen bezüglich des Experimentiertests aller drei Länder hinsichtlich der Zugehörigkeit zu Schultypen verglichen, ergibt sich ein signifikanter Unterschied der Mittelwerte (F=37.9), vgl. Tab. 4.5.

ONEWAY ANOVA

SIET_normiert

	Quadratsumme	df	Mittel der Quadrate	F	Signifikanz
Zwischen den Gruppen	6434953.011	3	2144984.337	37.869	.000
Innerhalb der Gruppen	9.601E7	1695	56642.467		
Gesamt	1.024E8	1698			

Tabelle 4.5 – Varianzanalyse der Testergebnisse im Experimentiertest (SIET_normiert) bezüglich Schultypen der drei Länder.

Im nachfolgenden Post-Hoc - Test der Mittelwertdifferenzen bezüglich Zugehörigkeit der Schülerinnen und Schüler zu Schulleistungstypen wurden lediglich Deutschland und die Schweiz miteinander in Beziehung gesetzt. Finnlands Schulsystem kennt keine Schultypen (vgl. Kap. 3.1, S. 22).

In beiden Ländern ergibt sich eine signifikant positive mittlere Differenz der Leistungswerte (α=0.05), wenn Typ 3 (höchstes Leistungsniveau) mit den drei anderen Leistungstypen verglichen wird, vgl. Tab 4.6 und Tab. 4.7.

SIET_normiert
Tukey-HSD

(I) Type	(J) Type	Mittlere Differenz (I-J)	Standardfehler	Signifikanz
3	0	176.074*	19.079	.000
	1	127.517*	23.504	.000
	2	112.140*	21.494	.000

*. Die Differenz der Mittelwerte ist auf dem Niveau 0.05 signifikant.

Tabelle 4.6 – Post-Hoc – Test (Tukey) für die Leistungswerte **Deutschlands**: Vergleich der Mittelwertdifferenzen bezüglich Schulleistungstyps. Typ 3 ist das höchste, Typ 1 das tiefste Leistungsniveau, Typ 0 ist typengemischt.

SIET_normiert
Tukey-HSD

(I) Type	(J) Type	Mittlere Differenz (I-J)	Standardfehler	Signifikanz
3	0	201.085*	37.195	.000
	1	238.174*	28.995	.000
	2	155.702*	27.784	.000

*. Die Differenz der Mittelwerte ist auf dem Niveau 0.05 signifikant.

Tabelle 4.7 – Post-Hoc – Test (Tukey) für die Leistungswerte der **Schweiz**: Vergleich der Mittelwertdifferenzen bezüglich des Schulleistungstyps 3. Typ 3 ist das höchste, Typ 1 das tiefste Leistungsniveau, Typ 0 ist typengemischt.

Die Leistungswerte im Experimentiertest in Deutschland zeigen keine signifikanten Unterschiede der Mittelwerte zwischen den Schulleistungstypen 0, 1 und 2. In der Schweiz hingegen ergibt sich ein signifikanter Unterschied hinsichtlich des mittleren, bzw. tiefsten Leistungsniveaus. Eine positive mittlere Differenz von 82.5 Punkten auf der Leistungsskala des Experimentiertests ist in der Schweiz zwischen Typ 2 und Typ 1 auf dem Niveau 0.05 signifikant (p=0.013), vgl. Tab. 4.8.

Mehrfachvergleiche

SIET_normiert
Tukey-HSD

(I) Type	(J) Type	Mittlere Differenz (I-J)	Standardfehler	Signifikanz
1	0	-37.089	36.613	.742
	2	-82.472*	27.000	.013
	3	-238.174*	28.995	.000
2	0	45.383	35.662	.581
	1	82.472*	27.000	.013
	3	-155.702*	27.784	.000

*. Die Differenz der Mittelwerte ist auf dem Niveau 0.05 signifikant.

Tabelle 4.8 - Post-Hoc – Test (Tukey) für die Leistungswerte der **Schweiz**: Vergleich der Mittelwertdifferenzen bezüglich der Schulleistungstypen 1 und 2. Typ 1 ist das tiefste, Typ 2 das mittlere Leistungsniveau.

Somit ergibt die quantitative Auswertung der Daten, dass der höchste Schulleistungstyp sowohl in Deutschland als auch in der Schweiz signifikant höhere Leistungswerte erbringt als die tieferen und das gemischte Leistungsniveau im Experimentiertest von QuIP. Hingegen ist der signifikante Unterschied zwischen den Niveaus 1 und 2 nur in der Schweiz festzustellen.

4.2.2. Vergleich bezüglich Geschlechterzugehörigkeit

Die quantitative Analyse der Daten aus dem Experimentiertest bezüglich der Geschlechterzugehörigkeit der Probandinnen und Probanden wird zunächst über die gesamte Stichprobe durchgeführt und ergibt folgendes Resultat: Die Mädchen (n=768) schneiden durchschnittlich um 43 Punkte schlechter ab als die Knaben (n=809), vgl. Abb. 4.4.

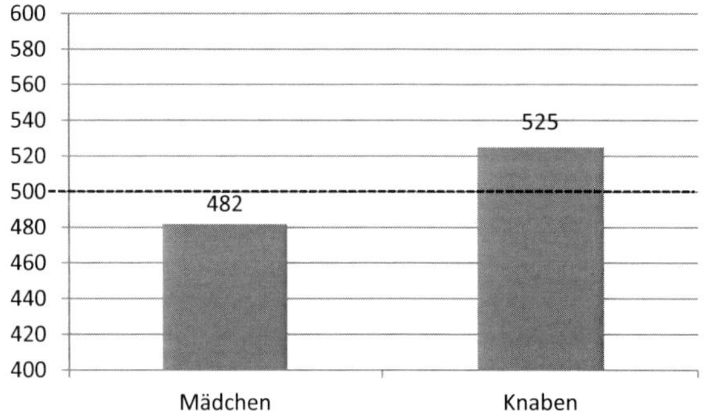

Abbildung 4.4– Mittelwertvergleich aus dem Experimentiertest bezüglich Geschlechterzugehörigkeit.

Es stellt sich im Anschluss die Frage, wie sich die Geschlechterzugehörigkeit im Vergleich zwischen dem Experimentiertest und den schriftlichen Leistungstests auf die entsprechenden Resultate auswirkt.

		N	Mittelwert	Standardabweichung
SIET_normiert	1	768	482.11	239.922
	2	809	524.94	248.953
	Gesamt	1577	504.08	245.455
Pre_normiert	1	767	473.50	88.811
	2	808	510.25	95.704
	Gesamt	1575	492.36	94.192
Post_normiert	1	764	498.44	95.697
	2	806	534.18	101.041
	Gesamt	1570	516.78	100.054

Tabelle 4.9 – Mittelwerte der Testresultate. Vergleich zwischen dem Experimentiertest (*SIET_normiert*) und den schriftlichen Leistungstests (*Pre_*- und *Post_normiert*). 1=Mädchen, 2=Knaben. Die Resultate ohne Nennung der Geschlechterzugehörigkeit sind ausgeblendet.

In allen drei Testformen haben demzufolge die Mädchen schlechter abgeschnitten als die Knaben. Die Frage, ob die Unterschiede signifikant sind, beantwortet eine Varianzanalyse zwischen den Testformaten, vgl. Tab. 4.10.

ONEWAY ANOVA

		Quadratsumme	df	Mittel der Quadrate	F	Signifikanz
SIET_normiert	Zwischen den Gruppen	722857.058	1	722857.058	12.082	.001
	Innerhalb der Gruppen	9.423E7	1575	59827.575		
	Gesamt	9.495E7	1576			
Pre_normiert	Zwischen den Gruppen	531438.647	1	531438.647	62.230	.000
	Innerhalb der Gruppen	1.343E7	1573	8539.928		
	Gesamt	1.396E7	1574			
Post_normiert	Zwischen den Gruppen	501043.747	1	501043.747	51.666	.000
	Innerhalb der Gruppen	1.521E7	1568	9697.659		
	Gesamt	1.571E7	1569			

Tabelle 4.10 - Varianzanalyse zwischen Experimentiertest (SIET) und Content Knowledge Paper Test (CKPT), $\alpha = 0.05$.

Für alle drei Testarten ergibt sich ein signifikanter Leistungsunterschied bezüglich der Geschlechterzugehörigkeit. In der Folge interessiert die Frage, ob hinsichtlich der untersuchten Länder ein Unterschied in Bezug auf die Geschlechterzugehörigkeit auszumachen ist und wie stark eine allfällige Feststellung ausgeprägt ist. Zu diesem Zweck wurden die drei beteiligten

Länder statistisch isoliert ausgewertet und es wurde jeweils eine Varianzanalyse (α = 0.05) durchgeführt, vgl. Tab. 4.11 – 4.13. Die Differenzen der Mittelwerte zwischen Knaben und Mädchen im Experimentiertest betragen für Deutschland 16.57 (30.3 im Prätest und 34.39 im Posttest beim CKPT), für Finnland 56.22 (37.57 und 17.85) und für die Schweiz 81.94 (45.74 und 46.22).

ONEWAY ANOVA

		Quadratsumme	df	Mittel der Quadrate	F	Signifikanz
SIET_normiert	Zwischen den Gruppen	54728.336	1	54728.336	.982	.322
	Innerhalb der Gruppen	4.434E7	796	55709.365		
	Gesamt	4.440E7	797			
Pre_normiert	Zwischen den Gruppen	182831.281	1	182831.281	21.961	.000
	Innerhalb der Gruppen	6618699.464	795	8325.408		
	Gesamt	6801530.745	796			
Post_normiert	Zwischen den Gruppen	234580.023	1	234580.023	27.107	.000
	Innerhalb der Gruppen	6853888.935	792	8653.900		
	Gesamt	7088468.958	793			

Tabelle 4.11 – Varianzanalyse für die Mittelwerte der Leistungswerte im Experimentiertest bezüglich der Geschlechterzugehörigkeit: Werte der Teilstichprobe in **Deutschland**.

In Deutschland gibt es zwar einen signifikanten Unterschied zwischen den Geschlechtern hinsichtlich der Ergebnisse im schriftlichen Leistungstest, nicht jedoch im Experimentiertest.

ONEWAY ANOVA

		Quadratsumme	df	Mittel der Quadrate	F	Signifikanz
SIET_normiert	Zwischen den Gruppen	239130.939	1	239130.939	3.919	.049
	Innerhalb der Gruppen	1.855E7	304	61022.235		
	Gesamt	1.879E7	305			
Pre_normiert	Zwischen den Gruppen	106512.906	1	106512.906	14.583	.000
	Innerhalb der Gruppen	2213126.032	303	7304.046		
	Gesamt	2319638.938	304			
Post_normiert	Zwischen den Gruppen	23926.885	1	23926.885	2.326	.128
	Innerhalb der Gruppen	3106563.875	302	10286.635		
	Gesamt	3130490.760	303			

Tabelle 4.12 - Varianzanalyse für die Mittelwerte der Leistungswerte im Experimentiertest bezüglich der Geschlechterzugehörigkeit: Werte der Teilstichprobe in **Finnland**.

Finnlands Teilstichprobe zeigt lediglich einen signifikanten Unterschied zwischen Knaben und Mädchen bezüglich der Ergebnisse des schriftlichen Prätests, der Experimentiertest zeigt auf dem Niveau 0.05 eine knapp verfehlte Signifikanz bezüglich des Mittelwertvergleiches.

ONEWAY ANOVA

		Quadratsumme	df	Mittel der Quadrate	F	Signifikanz
SIET_normiert	Zwischen den Gruppen	793253.914	1	793253.914	12.403	.000
	Innerhalb der Gruppen	3.012E7	471	63954.555		
	Gesamt	3.092E7	472			
Pre_normiert	Zwischen den Gruppen	247124.204	1	247124.204	26.601	.000
	Innerhalb der Gruppen	4375569.242	471	9289.956		
	Gesamt	4622693.446	472			
Post_normiert	Zwischen den Gruppen	251794.120	1	251794.120	23.658	.000
	Innerhalb der Gruppen	5002282.143	470	10643.153		
	Gesamt	5254076.263	471			

Tabelle 4.13 - Varianzanalyse für die Mittelwerte der Leistungswerte im Experimentiertest bezüglich der Geschlechterzugehörigkeit: Werte der Teilstichprobe in der **Schweiz**.

In der Schweiz schliesslich zeigen alle drei Testarten einen signifikanten Unterschied hinsichtlich der Geschlechterzugehörigkeit, vgl. Tab. 4.13.

Weiter interessiert nun der Vergleich der Ergebnisse in den Leistungstests hinsichtlich Schulleistungstyp und Geschlechterzugehörigkeit. Zu diesem Zweck wurden die Daten von Deutschland und der Schweiz isoliert analysiert, Finnland wird für die Analyse wiederum nicht miteinbezogen, weil es dort keine Schulleistungstypen gibt. Die Resultate der T-Tests für unabhängige Stichproben sind für die Schweiz in Tab. 4.14 zusammengestellt.

	Typ 1	Typ 2	Typ 3
Mittelwert Md.	408.45	469.53	636.59
Mittelwert Kn.	479.56	564.19	717.07
T-Wert	-1.567	-2.652	-1.975
Sig. (2-seitig)	0.120	0.009	0.050

Tabelle 4.14 – Vergleich der Mittelwerte bezüglich Geschlechterzugehörigkeit und Schulleistungstyp in der **Schweiz** (Typ 1 = tiefstes, Typ 3 = höchstes Leistungsniveau). T-Tests für die Mittelwertgleichheit (H_0: Die Mittelwerte sind gleich, $\alpha = 0.05$).

Es zeigt sich, dass einzig für das mittlere Leistungsniveau (Typ 2) eine klare Signifikanz für den T-Wert vorliegt und die Nullhypothese verworfen werden kann. Im Vergleich mit Deutschland zeigt sich mittels zweier Varianzanalysen, dass das mittlere Leistungsniveau lediglich in der Schweiz eine signifikante geschlechterabhängige Mittelwertdifferenz bei den Ergebnissen im Experimentiertest ergibt, wohingegen in Deutschland die entsprechende Signifikanz nicht auftritt, vgl. Tab. 4.15 und Tab. 4.16.

ONEWAY ANOVA

SIET_normiert

	Quadratsumme	df	Mittel der Quadrate	F	Signifikanz
Zwischen den Gruppen	361533.442	1	361533.442	7.032	.009
Innerhalb der Gruppen	8226462.652	160	51415.392		
Gesamt	8587996.094	161			

Tabelle 4.15 – Varianzanalyse für die Variable SIET_normiert, α = 0.05: Schulleistungstyp 2 in der **Schweiz**, hinsichtlich Ergebnissen im Experimentiertest und Geschlechterzugehörigkeit, H_0: Die Mittelwerte sind für Mädchen und Knaben gleich.

Das Eta – Quadrat[11] beträgt für diese Analyse 0.042, d.h. 4.2% Varianzanteil der Ergebnisse des Experimentiertests in der Sekundarschule der Schweiz (häufigste Bezeichnung für Typ 2) wird durch die Geschlechterzugehörigkeit determiniert. Damit wurde ein statistischer Zusammenhang von niedriger bis mittlerer Ausprägung gezeigt.

ONEWAY ANOVA

SIET_normiert

	Quadratsumme	df	Mittel der Quadrate	F	Signifikanz
Zwischen den Gruppen	5972.009	1	5972.009	.137	.712
Innerhalb der Gruppen	6627975.080	152	43605.099		
Gesamt	6633947.088	153			

Tabelle 4.16 - Varianzanalyse für die Variable SIET_normiert, α = 0.05: Schulleistungstyp 2 in **Deutschland**, hinsichtlich Ergebnissen im Experimentiertest und Geschlechterzugehörigkeit, H_0: Die Mittelwerte sind für Mädchen und Knaben gleich.

4.2.3. Vergleich bezüglich Chancengleichheit

Aus vielen wissenschaftlichen Untersuchungen ist der Einfluss von sozioökonomischen Faktoren auf den Schulleistungserfolg von Kindern und Jugendlichen bekannt. Einzig fokussiert auf den Kompetenzerwerb in den naturwissenschaftlichen Fächern, auf die Einstellungen gegenüber Umwelt und Natur und diesbezügliche Einflüsse aus dem sozialen Umfeld und der Herkunft, sind alleine in der deutschsprachigen Literatur zahlreiche Forschungsarbeiten neueren Datums publiziert worden. Dabei geht es vornehmlich darum herauszuarbeiten, „welche Bedeutung bildungs- und naturwissenschaftsbezogene Prozesse und Einstellungen im Elternhaus besitzen, um soziale Disparitäten in der naturwissenschaftlichen Kompetenz

[11] $\eta^2 = \frac{SS_{between}}{SS_{total}}$, *Eta – Quadrat* entspricht dem Determinationskoeffizienten aus der Regressionsanalyse.

zu erklären“ (Ehmke 2009). Dabei spielen Einstellungen und Haltung gegenüber Bildungsprozessen auf der einen Seite, aber auch ein stimulierendes und motivierendes Umfeld mit entsprechenden Unterstützungs- und Vertiefungsangeboten eine wichtige Rolle. Wie im unmittelbaren familiären Umfeld von Kindern und Jugendlichen die Freizeit gestaltet wird oder wie die Nutzung von Medien geschieht, kann Erklärungen für soziale Disparitäten, u.a. auch für den naturwissenschaftlichen Kompetenzerwerb liefern. Dabei kommen umfangreiche Instrumente zur Erhebung der sozioökonomischen Hintergrundvariablen zum Einsatz.

Auch im Rahmen von QuIP wurden anlässlich des Prätests vielfältige Daten über den Schülerhintergrund erhoben. Es wurden Items zum sozioökonomischen Status, zur Schichtzugehörigkeit, zum Ausbildungsniveau der Eltern, sowie zum familiären Lebensumfeld erhoben. Letztere umfassen zahlreiche Items über die lebensweltliche Ausstattung im häuslichen Umfeld, die für eine lernförderliche (oder –hemmende) Umgebung relevant sein können. Exemplarisch wird hier ein Item inspiziert, das die Anzahl vorhandener Bücher im Haushalt erfasst. Die Jugendlichen wurden gefragt, wie viele Bücher (ohne Zeitschriften und Schulbücher) im häuslichen Lebensumfeld verfügbar sind, vgl. Abb. 4.5.

17	**Wie viele Bücher gibt es bei Dir zuhause?** *(Auf einen Meter Bücherregal passen ungefähr 40 Bücher. Zähle bitte Zeitschriften, Zeitungen und Deine Schulbücher nicht mit.)*	
	0-10 Bücher	☐
	11-25 Bücher	☐
	26-100 Bücher	☐
	101-200 Bücher	☐
	201-500 Bücher	☐
	mehr als 500 Bücher	☐

Abbildung 4.5 – Ausschnitt aus dem Erhebungsinstrument SQST, Fragebogen im Rahmen des Prätests zur Erfassung von sozioökonomischen Hintergrundvariablen der Jugendlichen aus der Gesamtstichprobe, abgebildet ist ein Ausschnitt aus der Schweizer Variante in deutscher Sprache.

Die Verteilung der erhobenen Daten aus der Frage „Wie viele Bücher gibt es bei dir zu Hause?" ist aus Tab. 4.17 und Abb. 4.6 ersichtlich.

BOOKS

		Häufigkeit	Prozent
Gültig	1	127	7.5
	2	179	10.5
	3	502	29.5
	4	316	18.6
	5	254	14.9
	6	179	10.5
	Gesamt	1557	91.6
Fehlend	System	142	8.4
Gesamt		1699	100.0

Tabelle 4.17 - Verteilung der Antwortkategorien (1 = „0-10 Bücher" bis 6 = „mehr als 500 Bücher") auf die Gesamtstichprobe.

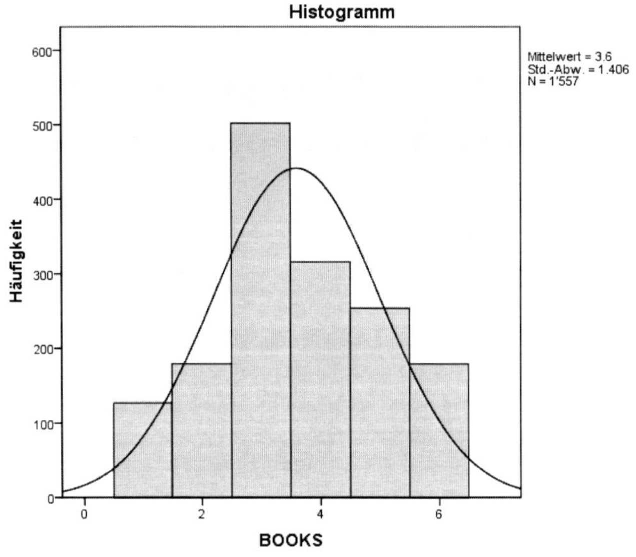

Abbildung 4.6 – Grafische Darstellung der Daten aus Tab. 30 als Histogramm.

Daraus wurde eine Variable *BOOKS_dichotom* gebildet um eine Distinktion zwischen wenigen (Anzahl Bücher ist kleiner oder gleich 100, 47.5%) oder vielen Büchern (mehr als hundert Bücher, 44%) im häuslichen Umfeld zu erzielen. Die Varianzanalyse bezüglich des Testergebnisses im

Experimentiertest von QuIP (*SIET_normiert*) und der gebildeten Variable *BOOKS_dichotom* ergibt folgende Resultate:

SIET_normiert

	N	Mittelwert	Standardabweichung	Standardfehler
1	808	459.37	232.409	8.176
2	749	548.46	250.681	9.160
Gesamt	1557	502.23	245.367	6.218

Tabelle 4.18 – Mittelwertverteilung der Resultate im Experimentiertest bezüglich der Häufigkeit der zu Hause vorhanden Bücher (1: unter 101 Bücher, 2: über 100 Bücher).

ONEWAY ANOVA

SIET_normiert

	Quadratsumme	df	Mittel der Quadrate	F	Signifikanz
Zwischen den Gruppen	3084787.842	1	3084787.842	52.949	.000
Innerhalb der Gruppen	9.059E7	1555	58259.820		
Gesamt	9.368E7	1556			

Tabelle 4.19 – Varianzanalyse für *SIET_normiert* und *BOOKS_dichotom,* H_0: Die Varianz der Mittelwertverteilung ist gleich.

Es kann anhand der Varianzanalyse davon ausgegangen werden, dass die Mittelwerte nicht gleich verteilt sind. Es ergibt sich η^2=0.033, womit auch aus dieser Analyse ein schwacher bis mittlerer Zusammenhang zwischen den beiden Variablen hergestellt werden konnte. Das heisst, dass tendenziell von jenen Schülerinnen und Schülern die bessere Leistung im Experimentiertest erbracht worden ist, bei denen zu Hause viele Bücher vorhanden sind. Was wiederum als Hinweis darauf gedeutet werden kann, dass sich ein lernförderliches und bildungsfreundliches Umfeld mit vielen Büchern zu Hause positiv auf die Schulleistung der Kinder und Jugendlichen auswirkt.

Abschliessend für die quantitativen Untersuchungen mit den Daten aus dem Experimentiertest im Rahmen des Projektes QuIP interessieren die Mittelwerte der erzielten Leistungen bezüglich der zu Hause zur Verfügung stehenden Bücher, abhängig von der Zugehörigkeit zu einem Schulleistungstyp. Der Vergleich erfolgt wiederum lediglich zwischen Deutschland und der Schweiz, weil Finnlands Schulsystem keine Einteilung in Leistungstypen anwendet.

	Deutschland			Schweiz		
	F - Wert	df_{total}	Signifikanz	F - Wert	df_{total}	Signifikanz
wenige Bücher	2.94	252	0.055	20.77	213	0.000
viele Bücher	10.36	338	0.000	8.25	174	0.000

Tabelle 4.20 – Vergleich der Kennwerte aus vier Varianzanalysen, für Deutschland und die Schweiz. Gegenübergestellt wurden die Leistungswerte im Experimentiertest, bezogen auf den Schulleistungstyp 1 bis 3, gesondert für die Werte der Variablen *BOOKS_dichotom* 1="wenige Bücher" und 2="viele Bücher".

Im Fall der Schweiz ergibt sich somit ein η^2=0.165 bei jenen Probandinnen und Probanden, die zu Hause eher wenige Bücher zur Verfügung haben, vgl. Tab. 4.21. Dies entspricht einem signifikanten (p<0.01) mittleren bis starken Zusammenhang zwischen dem Schulleistungstyp und dem Ergebnis der Jugendlichen im Experimentiertest. In Deutschland ist dieser Zusammenhang indessen nicht signifikant.

ONEWAY ANOVA

SIET_normiert

	Quadratsumme	df	Mittel der Quadrate	F	Signifikanz
Zwischen den Gruppen	2216164.013	2	1108082.006	20.767	.000
Innerhalb der Gruppen	1.126E7	211	53357.520		
Gesamt	1.347E7	213			

Tabelle 4.21 – Varianzanalyse der gefilterten Daten aus dem Experimentiertest. Nur Schweizer Jugendliche der Schultypen 1 bis 3 mit wenigen Büchern (*BOOKS_dichotom*=1, d.h. „0 bis 100 Bücher zu Hause verfügbar") sind berücksichtigt.

Ferner werden die statistischen Kennwerte der ausgewählten Daten aus der Schweiz im Vergleich zum zweiten Teildatensatz (viele Bücher stehen zur Verfügung) betrachtet.

SIET_normiert

	N	Mittelwert	Standardabweichung	Standardfehler
1	84	402.79	233.924	25.523
2	88	508.14	239.098	25.488
3	42	683.68	206.188	31.815
Gesamt	214	501.24	251.517	17.193

Tabelle 4.22 – Verteilung der Mittelwerte der Variable *SIET_normiert* in der Schweiz, bezüglich Schultyps. Eingeschränkter Teildatensatz: Nur Jugendliche mit **wenigen** Büchern zu Hause, ohne Typ 0.

Der Unterschied der Mittelwerte zwischen Typ 3 und Typ 1 beträgt im ersten Fall 280.89, vgl. Tab. 4.22. In Deutschland beträgt der Unterschied bei derselben Teilstichprobe (zu Hause sind wenige Bücher vorhanden) zwischen dem höchsten und dem tiefsten Schulleistungstyp lediglich 76.65.

Betrachtet man die Daten der entgegen gesetzt gefilterten Teilstichprobe in der Schweiz, dann kann zunächst festgehalten werden, dass ebenfalls ein signifikanter Zusammenhang zwischen dem Ergebnis im Experimentiertest und dem Schultyp besteht. Mit η^2=0.088 ist dieser Zusammenhang deutlich geringer als bei der Teilstichprobe für Jugendliche mit wenigen Büchern im häuslichen Umfeld, vgl. Tab. 4.24, weiter unten.

SIET_normiert

	N	Mittelwert	Standardabweichung	Standardfehler
1	23	541.69	281.811	58.762
2	72	524.03	226.921	26.743
3	80	677.00	242.891	27.156
Gesamt	175	596.28	251.771	19.032

Tabelle 4.23 – Verteilung der Mittelwerte der Variable *SIET_normiert* in der Schweiz, bezüglich Schultyps. Eingeschränkter Teildatensatz: Nur Jugendliche mit **vielen** Büchern zu Hause, ohne Typ 0.

In Tab. 4.23 fällt auf, dass der Unterschied zwischen den Mittelwerten der Testresultate zwischen dem Leistungstyp 3 und dem tiefsten Leistungstyp 1 in diesem Fall deutlich geringer ist (Δ = 135.31) als in Tab. 4.22 (Δ – 280.89).

ONEWAY ANOVA

SIET_normiert

	Quadratsumme	df	Mittel der Quadrate	F	Signifikanz
Zwischen den Gruppen	965750.020	2	482875.010	8.253	.000
Innerhalb der Gruppen	1.006E7	172	58511.032		
Gesamt	1.103E7	174			

Tabelle 4.24 - Varianzanalyse der gefilterten Daten aus dem Experimentiertest. Nur Schweizer Jugendliche der Schultypen 1 bis 3 mit vielen Büchern (BOOKS_dichotom=2, d.h. „mehr als 100 Bücher zu Hause verfügbar") sind berücksichtigt.

Zudem ist die Differenz innerhalb der Schultypen hinsichtlich des Kriteriums „viele oder wenige Bücher zu Hause" interessant: In der Schweiz beträgt diese Differenz +138.9 für Typ 1, für Typ 3 hingegen -6.68. Im Vergleich hierzu sehen die entsprechenden Differenzen für Deutschland wie folgt aus: +65.35 für Typ 1 und +103.38 für Typ 3. Diese Werte deuten ansatzweise auf ein zu erwartendes Ergebnis hin: Die Chancen von Jugendlichen auf ein gutes Testresultat im Experimentiertest sind höher bei einem stimulierenden Umfeld zu Hause (exemplarisch repräsentiert durch die Anzahl Bücher im Haushalt), zusätzlich verstärkt durch das stimulierende schulische Umfeld (zum Beispiel durch höhere Leistungsansprüche und entsprechend offene Perspektiven in einer Klasse des Typs 3). Deshalb sind die Differenzwerte Deutschlands durchaus erwartungsgemäss, wohingegen die Vergleichswerte der Schweizer Teilstichprobe überraschen: Jugendliche in einem wenig kompetitiven schulischen Umfeld, dafür aus einem stimulierenden bildungsbejahenden Haushalt, haben ein überdeutlich besseres Testresultat erreicht. Demgegenüber scheinen Jugendliche im höchsten Leistungsniveau (Typ 3) nicht wirklich von einer Stimulierung durch die Anzahl vorhandener Bücher zu Hause zu profitieren: Ihr durchschnittlicher Leistungswert ist sogar leicht tiefer als bei der verglichenen Gruppe mit wenigen Büchern im privaten Umfeld.

Die verhältnismässig kleinen Zahlmasse der Schweizer Teilstichprobe relativieren diese Resultate allerdings. Im Fall von „wenigen Büchern zu Hause“ und Typ 1 liegen in der Schweiz bloss von 23 Fällen (von n_{total} = 175) die Daten vor. Und in Deutschland waren es in der verglichenen Teilstichprobe 35 Fälle (von n_{total} = 339).

5. Diskussion der Resultate

Die im vorherigen Kapitel ausgeführten quantitativen Untersuchungen sind als statistische Analysen in einem rein exemplarischen Sinn zu verstehen. Es wird damit nicht der Anspruch erhoben, dass eine annähernd umfassende Auswertung der vorliegenden Daten aus dem Experimentiertest von QuIP angestrebt wurde – das würde den Umfang dieser Arbeit bei weitem übersteigen.

Die erfolgten Untersuchungen lassen es trotzdem zu, einige allgemeine Schlussfolgerungen und weiterführende Überlegungen hinsichtlich des Untersuchungsgegenstandes anzustellen – das soll im Folgenden geleistet werden mit Hilfe von Fragen (F) und Antworten (A).

Zunächst interessiert die Frage, ob ein Experimentiertest ergänzende oder abweichende Ergebnisse in einer Vergleichsstudie zur naturwissenschaftlichen Kompetenz von Jugendlichen beitragen kann (F1).

F1	Wie haben Schweizer Jugendliche im Experimentiertest von QuIP abgeschnitten? Gibt es Unterschiede im Vergleich zum Wissenstest?

Ob damit ein Zugewinn in der vergleichenden Analyse des Unterrichtserfolges von Jugendlichen durch multinationale Leistungserhebungen gewonnen werden kann, bleibt einer oberflächlichen Analyse aus dem Experimentiertest im Kontrast zur PhD These „Das Experiment als Lerngelegenheit" (vgl. Börlin 2011 in Vorb.) vorbehalten (F2).

F2	Können durch den Experimentiertest neue Erkenntnisse hinsichtlich des Unterrichtserfolges im naturkundlichen Bereich gewonnen werden?

Einleitend habe ich den Anspruch geäussert, exemplarischen Hinweisen auf den Zusammenhang der Ergebnisse mit strukturellen Umgebungsvariablen wie Geschlechterzugehörigkeit und Chancengleichheit nachzuspüren. Diese will ich anhand (F3) diskutieren.

F3	Sind im Experimentiertest Hinweise auf Chancengleichheit im Physikunterricht bezüglich Geschlechterzugehörigkeit auszumachen?

Aus den Betrachtungen über die Relevanz, aber auch über die spezifischen Schwierigkeiten bei der Konstruktion und der Modellierung von geeigneten Aufgabenstellungen für praktische Experimentieraufgaben als Teil eines Vergleichstests folgen Überlegungen zur Praktikabilität solch eines Instrumentes (F4).

F4	Entsprechen die Aufgabenstellungen im Experimentiertest den allgemeinen Anforderungen eines wissenschaftlichen Instrumentes?

Den Abschluss meiner Darlegung bildet eine Kontrastierung der theoretischen Überlegungen zu den fachdidaktisch relevanten Aspekten der Unterrichtsform „Experimentieren im naturkundlichen Unterricht" und den Forschungsbefunden aus vergleichenden Leistungsuntersuchungen, exemplarisch aufgezeigt anhand der vorgestellten Ergebnisse aus der Teil-Untersuchung „Experimentiertests im trinationalen Vergleich" (F5).

F5	Trägt ein Experimentiertest mittels Qualitätsentwicklung zu einem besseren Physik-Unterricht bei?

5.1. Hauptargument

Die eingangs der vorliegenden Studie aufgeworfene Frage, ob ein Experimentiertest Auskunft geben kann über den Lernerfolg von Schülerinnen und Schülern, kann nicht hinreichend beantwortet werden. Ein Test, der zum Lösen der gestellten Aufgaben praktisches Handeln von den Probanden verlangt, kann zwar ein grosses Spektrum von Kompetenzbereichen evaluieren. Der „Handlungsaspekt" ist eine distinkte Dimension in den Nationalen Bildungsstandards Naturwissenschaften (EDK 2011) der Schweiz. Es findet sich darin der Aspekt „Fragen und untersuchen", womit der Stellenwert von „Erkunden und Experimentieren" (vgl. EDK 2011, 13) unterstrichen wird. Es handelt sich folglich um einen wichtigen Kompetenzbereich. Zu betonen ist jedoch, dass jede Leistungserhebung stets nur einen Ausschnitt aus der Wirklichkeit annähernd beschreiben kann. Dieser Umstand wird u.a. in die aktuellen Überlegungen zur Entwicklung von Leistungsstanderhebungen in den deutschsprachigen Nachbarländern Österreich, Deutschland und Schweiz einbezogen.

> „Tests messen immer nur das, was sie messen können, nämlich den überhaupt messbaren momentanen Stand des Lernerfolgs. Je differenzierter ein Themenbereich, je anspruchsvoller eine Leistung, desto schwieriger die Qualifizierung: Wie bewertet man Bewegung, Kreativität, Gestalten, Musik oder soziale Kompetenzen?
> Schulleistungstests müssen zudem so angelegt sein, dass ein „teaching to the test" verhindert wird und nicht nur das unterrichtet und gelernt wird, was sich gut messen lässt. Dies hätte eine Nivellierung zur Folge." (LCH 2012)

Es wird in diesem Ausschnitt eines Positionspapiers von Lehrerverbänden deutschsprachiger Länder die Befürchtung deutlich, dass vergleichende Leistungstests in Schulen neben den zu erwartenden positiven Effekten der Resultatanalyse auch bedenkenswerte Nebenwirkungen entfalten könnten. Insbesondere die Testvalidität und ein möglicher Wettbewerbseffekt werden angesprochen. Obwohl gross angelegten Stichprobenerhebungen, wie sie beispielsweise im Rahmen von TIMSS und PISA durchgeführt wurden, insgesamt ein positives Fazit zugesprochen wird, wird auch die inhärente Kritik deutlich, ob denn Aufwand und Ertrag in einem verantwortbaren Rahmen lägen.

Im Fall der Untersuchung des Experimentiertests im Rahmen von QuIP sind ansatzweise Hinweise darauf gefunden worden, die darauf hindeuten, dass ein solches Instrument zwar durchaus als attraktive und abwechslungsreiche Variante zur gängigen Methode eines schriftlichen Wissenstests eingesetzt werden kann. Die gewonnenen Resultate rechtfertigen den Aufwand der in der vorliegenden Arbeit untersuchten Teil – Erhebung aber wohl kaum, so scheint es vorderhand.

5.2. Wichtigste Ergebnisse

Die Ergebnisse des schriftlichen Wissenstests aus dem Prä- und dem Posttest von QuIP zeigen, dass die Schülerinnen und Schüler der finnischen Teilstichprobe mit mittleren Leistungswerten im Prätest und signifikant höheren Leistungsdaten im Posttest insgesamt die signifikant höchste Zuwachsrate an Leistung erzielen konnte im Vergleich zu Deutschland und der Schweiz. Dagegen erzielte die Schweizer Teilstichprobe insgesamt die höchsten Leistungswerte im Experimentiertest, im Vergleich zu Deutschland waren diese sogar signifikant höher. Dieses Resultat zeigt, dass die Schweizer Teilstichprobe im trinationalen Vergleich hinsichtlich des Experimentiertests erfreulich gut abgeschnitten hat, und dass der Experimentiertest einen Hinweis darauf gibt, dass im Schweizer Physik – Unterricht der Handlungsaspekt „Fragen und Untersuchen" vermutlich einen soliden Stellenwert geniesst mit entsprechend positiven Testresultaten für praktisch handelnde Tätigkeit.

(A1)

Die Ergebnisse aus dem Experimentiertest QuIP kontrastieren keineswegs stark mir den Ergebnissen aus den schriftlichen Leistungstests. Ob aus den Resultaten der Leistungserhebung im praktischen Handeln überhaupt ein Rückschluss auf den Unterrichtserfolg in den beteiligten Ländern gezogen werden kann, bleibt auf Grund lediglich der Ergebnisse dieser Arbeit unklar. In der rein nachvollziehenden Optik einer Auswertung der vorliegenden Daten aus den Taskheften ist es nicht möglich, konkrete Aussagen über die Qualität des Physikunterrichts zu machen. Wenn man die Bedeutung des realen Experimentes als fachdidaktische Grundlage für naturwissenschaftliche Erkenntnisprozesse in der Schule annimmt, dann ist jedoch der Stellenwert von Erhebungsmethoden für das praktische Handeln im Physikunterricht zumindest in die Überlegungen von Qualitätsentwicklung und diesbezüglicher Schulevaluation miteinzubeziehen. Es können keine Aussagen zum Verständnis der Anwendung praktischer Methoden im naturwissenschaftlichen Schulunterricht gemacht werden, ohne dass Schülerinnen und Schüler in irgendeiner Form bei eben diesen Handlungen inspiziert werden.

Damit ist auch schon angedeutet, dass es sich bei einer Evaluation des Handlungsaspektes „Fragen und Untersuchen“ im Kontext schulischen Kompetenzerwerbs allenfalls um komplexere Methoden handelt als um eine Erhebung mittels schriftlicher Taskhefte zur Anleitung, Datensammlung und Auswertung des tatsächlichen Geschehens. Hinweise auf die vielversprechende Methodik der Video – Untersuchung liefert Börlin (in Vorb.). Durch den Vergleich von Sichtstruktur- und Tiefenstruktur bezüglich praktischen Experimentierens im Physikunterricht gelingt es, einige wesentliche Merkmale gelingenden Unterrichts, sowie wichtige methodische Hinweise für die Umsetzung in der schulischen Praxis aufzuzeigen. Hier sei exemplarisch nur ein Beispiel genannt. Die „Wertschätzung von Schülerbeiträgen“ im Unterricht ist wichtig. So wichtig und von genereller Bedeutung, dass „Die Qualität beim Umgang mit Schülerbeiträgen wichtiger zu sein scheint als die Quantität der verarbeiteten Beiträge [im Unterricht, Ergänzung UZ]“ (Börlin, in Vorb.).

Dies gibt einen wichtigen Hinweis darauf, dass zur Erhebung von Leistungsdaten in einem komplexen Handlungsaspekt allenfalls vielschichtigere Instrumente zum Einsatz kommen müssen anstelle bloss schriftlicher Erhebungsbögen. Will man die Leistung in praktischen Experimentieraufgaben erheben, müssten wohl hochinferente Methoden zur Anwendung gelangen, wie dies in der Untersuchung von Börlin zur Frage von Qualitätsmerkmalen des Physikunterrichts hinsichtlich experimentellen Handelns geschehen ist. Mittels einer Videostudie wurden gezlelt Qualitätsmerkmale experimentellen Handelns im Unterricht erhoben und anhand einer qualitativen Untersuchung von Fallbeispielen aufgezeigt, wo diese auszumachen sind (vgl. Börlin, in Vorb.).

(A2)

In meiner Untersuchung der Daten aus dem Experimentiertest sind lediglich exemplarische Indikatoren erforscht worden. Dies waren einerseits die Geschlechterzugehörigkeit und anderseits der Schulleistungstyp. Weil letzterer im finnischen Schulsystem nicht implementiert ist (Gesamtschule), ist nur der Vergleich zwischen Deutschland und der Schweiz möglich.

Chancengleichheit ist ein umfassender und komplexer Begriff, der hier nicht näher umrissen werden kann. Die vorliegende Untersuchung beschränkt sich daher auf eingeschränkte Aussagen hinsichtlich des Vergleichs der Ergebnisse im Experimentiertest hinsichtlich der erwähnten Variablen. Umso wesentlicher erscheint die Feststellung, dass aktuelle Fragen in schulpolitischer und vergleichender Hinsicht immer öfters auf die Kategorie der „Chancengleichheit" zurückgreifen, oftmals ebenso ohne eine exakte Fundierung der Begrifflichkeit. Es interessiert indessen durchaus, wie es um die Verteilung der Chancen steht in einem Feld schulischer Selektion, die letztendlich zu technischer Innovation, *global lead* und Strategien der Partizipation führt. Physik als schulische Disziplin ist nach wie vor ein wichtiger Indikator für die Selektion in naturwissenschaftlich ausgerichtete Berufs-, Wissenschafts- und Statuszugänge. Die einzige Schweizer Hochschule mit internationalem Renommee, die Eidgenössische Technische Hochschule ETH, macht diesbezüglich seit langer Zeit Anstrengungen, einerseits den Wert naturwissenschaftlicher Bildung im Allgemeinen hervorzuheben und anderseits den Zugang zu naturwissenschaftlicher Bildung für beide Geschlechter gleichermassen attraktiv zu machen.

Tatsache ist jedoch, dass Mädchen nach wie vor schlechtere Leistungen in Physik erbringen als Knaben. Damit sei auch (augenzwinkernd) auf das zweite Titelblatt hingewiesen – in Tat und Wahrheit wird es auch heute noch vielerorts so wahrgenommen, wie die Karikatur es auszudrücken versucht: „Mädchen und Physik" ist in der Schule ein Synonym für gegenseitige Feindschaft. Oder genauer: Physik zu unterrichten in einer Mädchenklasse wird als Strafe für den Lehrer (sic!) angesehen. Wobei auf diesen Aspekt (Unterricht bezüglich Geschlechterzugehörigkeit und Chancengleichheit) weiter unten noch eingegangen wird.

Die vorliegende Untersuchung kann lediglich die Frage nach der Verteilung der Ergebnisse im Experimentiertest bezüglich Geschlechterzugehörigkeit beantworten. Die fällt indessen klar aus: In allen drei Ländern lag der Mittelwert der Testresultate von Mädchen unterhalb des Mittelwertes von Knaben. Jedoch war diese Differenz nur in der Schweiz signifikant (vgl. Tab.

4.11 – 4.13). Wird die Betrachtung bezüglich der Resultate hinsichtlich Geschlechterzugehörigkeit schliesslich auf die beiden schriftlichen Wissenstests erweitert, zeigt sich ein vergleichbares Bild.

(A3)

Kann ein Experimentiertest den gängigen Validitätskriterien einer wissenschaftlichen Erhebung Stand halten? Diese Frage kann im Rahmen der vorliegenden Untersuchung so nicht beantwortet werden. Dem Stand der Forschungsbemühungen hinsichtlich handlungsorientierter Prüfungs- und Testverfahren (vor allem in den USA) nach zu schliessen, kann festgestellt werden, dass vieles dafür spricht. Das Prinzip der Validität verlangt, dass ein Test das misst, was er vorgibt zu messen. Im Fall des untersuchten Experimentiertests ist die Validitätsbedingung schwierig zu erfassen. Ziel des Tests war, die Kompetenz praktischen Handelns der Stichprobe zu erheben. Das praktische Handeln in Form von Experimentieraufgaben wurde schriftlich angeleitet und als Reaktion auf die Handlung wurde eine schriftliche Antwort erwartet. Als Ausrüstung kann das bereitgestellte Material bezeichnet werden. Es wurde also im Rahmen des Experimentiertests von den Probandinnen und Probanden erwartet, mit dem zur Verfügung stehenden Material und auf Grund eines Aufgabentextes bestimmte Handlungen vorzunehmen um zu bestimmten Erkenntnissen oder Ergebnissen zu gelangen. Und diese Erkenntnisse wurden als schriftliches Produkt als Reaktion der Jugendlichen in verschiedener Form erwartet.

Als Voraussetzung für die Validität des Experimentiertest wurde im Rahmen von QuIP eine Curriculum - Analyse für die beteiligten Schulsysteme erstellt und die Aufgabenstellungen auf die entsprechenden Zielformulierungen abgestimmt. Zudem wurde der Test pilotiert und entsprechend der gewonnenen Erkenntnisse verfeinert. Dem geschilderten Verfahren der Testkonstruktion kann also durchaus Akkuratesse attestiert werden. Die Codierung der Taskhefte geschah durch Hilfsassistierende und wurde im Fall von Deutschland und der Schweiz hinsichtlich der Auswertungsobjektivität einer Reliabilitätsprüfung unterzogen. Die Interrater – Reliabilitätsrate wurde indessen nicht festgehalten, zumal auch keine Reliabilitätsprüfung bezüglich der finnischen Schülerantworten (hinsichtlich der offenen Antwortformate) gemacht wurde. Diese Feststellung lässt sich insofern relativieren, als dass eine eingehende Analyse der Aufgabenschwierigkeit der verschiedenen Tasks ebenfalls nicht gemacht wurde. Die oberflächliche Analyse in der vorliegenden Arbeit verdeutlicht indessen die generellen Schwierigkeiten bei der Testkonstruktion von praktischen Experimentieraufgaben. Insbesondere die Texte der Handlungsanweisungen sind vermutlich höchst anfällig für mögliche Differenzen bei der Interpretation im Vorfeld der eigentlichen Schülerhandlungen. Dazu kommt der Umgang mit dem Experimentiermaterial, der bezüglich Vorwissen und Erfahrungsgrad an regelmässigem Experimentieren im Unterricht innerhalb der untersuchten Stichprobe deutlich variieren dürfte.

Wenn man schliesslich noch die Überlegungen bezüglich der Schwierigkeiten der Bewertung der einzelnen Tasks mit einfliessen lässt, kann der vorläufige Schluss zugelassen werden, dass der untersuchte Experimentiertest höchstens in groben Ansätzen als valide Konstruktion zur Erhebung von Handlungskompetenzen im Physikunterricht gelten kann. Es ist anzunehmen, dass mit vertiefenden Massnahmen der Testinspektion, wie zum Beispiel Videoanalysen von Experimentierphasen, wesentlich genauere Angaben zu gezielten Fragestellungen hinsichtlich der praktischen Tätigkeit von Schülerinnen und Schülern gewonnen werden könnten.

(A4)

Schliesslich führt die letzte Fragestellung dieses Kapitels in ein übergreifendes Problemfeld der Systemsteuerung. Wenn davon auszugehen ist, dass Schulleistungstests eine Steuerungsfunktion für das komplexe System Schulunterricht haben können, dann ist die Frage erlaubt, ob ein Experimentiertest prinzipiell zur Qualitätsentwicklung von Unterricht beitragen kann.

Aus der Feststellung der m.E. konsistenten Resultate des untersuchten Experimentiertests (im Vergleich schriftliche vs. experimentelle Leistungserhebung) kann geschlossen werden, dass eine derartige Erhebungsmethode durchaus sinnvoll eingesetzt werden kann im Rahmen eines vergleichenden Schulleistungstests. Aus den fachdidaktischen Überlegungen abzuleiten wäre ferner die Wichtigkeit von Experimentiertests im täglichen Unterricht der Schulpraxis. Wenn man allgemein davon ausgehen kann, dass praktisches Handeln für den Kompetenzaufbau naturwissenschaftlichen Verständnisses in der Schule unabdingbar ist, dann sollten auch Überlegungen hinsichtlich der Beurteilung solcher Methoden mit einfliessen. Und wären zunächst im regulären Unterricht Testformen in Bezug auf praktisches Handeln im Zusammenhang mit physikalischen Problemstellungen etabliert, dann wären wohl vergleichende Leistungsstanderhebungen mit erwähnten Methoden erst als sinnvoll zu erachten. Dass die so gewonnenen Resultate damit auch relevante Daten für die Qualitätsentwicklung des Unterrichts beitragen könnten, liegt auf der Hand. Vorderhand stellt sich aber wohl die Frage, ob mit der Durchführung eines Experimentiertests in Vergleichsstudien nicht eher überprüft wird, in welchem Umfang in der Schule gewöhnlich experimentiert wird. Und damit wäre dann in Bezug auf die vorliegende Untersuchung die Aussage impliziert, dass der Schweizer Physikunterricht im 9. Schuljahr dem „Experiment als Lerngelegenheit" in einem guten Ausmass Rechnung trägt.

(A5)

5.3. Würdigung und Kritik

Im Rahmen des trinationalen Forschungsprojektes QuIP wurde versucht, aus verschiedenen Perspektiven Aussagen zu gewinnen über Faktoren eines gelingenden Physikunterrichts. Der Aufwand für die beteiligten Klassen aus den drei Teilstichproben umfasste insgesamt drei Interventionen, anlässlich derer die Klassen besucht, getestet und mittels Video aufgezeichnet wurden. Der Experimentiertest war ein Teil des Posttests und beanspruchte eine Unterrichtslektion (45 Minuten). Es gab für die untersuchten Schulen, resp. die Klassen und Lehrpersonen keinerlei zusätzlichen Aufwand, weder in materieller, noch in organisatorischer Hinsicht. Die Arbeitsgruppen des Forschungsprojektes entsandten spezifisch geschultes Personal aus dem wissenschaftlichen Umfeld der Forschungsgruppen, welche die Ausgangslage für den Experimentiertest bereitstellten, Instruktionen erteilten und den zeitlichen Ablauf des Tests dirigierten. Die anwesende Lehrperson musste lediglich dafür sorgen, dass eine ruhige und konzentrierte Arbeitsweise möglich war und dass allfällige Unruheherde gezielt mittels direkter Intervention behoben werden konnten. Somit kann festgehalten werden, dass der Aufwand – zumindest im Fall des hier thematisierten Experimentiertests – für die beteiligten Schulen als vernünftig und eher klein eingestuft werden darf. Das ist für die aktuelle Situation in der Schulpraxis ein nicht zu unterschätzendes positives Argument: Schulen werden derzeit jährlich mehrmals zu einer Teilnahme an diversen wissenschaftlichen Studie eingeladen oder auch aufgefordert. Vor diesem Hintergrund betrachtet ist es für die teilnehmenden Schulen einer Studie von Bedeutung, dass der effektive Aufwand, oder die tatsächlich stattfindenden Interventionen in der Schule sich auf ein erträgliches Mass beschränken. Und dieses Mass ist mit einem Aufwand einer einzigen Lektion im Rahmen des Gesamtprojektes für den Experimentiertest sicher als moderat zu bewerten.

Auf der anderen Seite stellt sich die Frage, welchen Nutzen eine Forschungsarbeit schliesslich bringt. Im vorliegenden Fall des eingesetzten Experimentiertests gehe ich davon aus, dass dieser eher einen beabsichtigten Nebeneffekt erzielen sollte. Das Hauptinteresse fokussierte sicherlich auf den eigentlichen Physikunterricht, welcher mit dem Hauptelement als Videostudie reales Unterrichtsgeschehen für die Forschungsabsicht verfügbar machte. Der Experimentiertest wurde sozusagen als Zugabe durchgeführt und es wurde zum Zeitpunkt seiner Durchführung kein eigentliches wissenschaftliches Teilprojekt damit verknüpft. Deshalb entstand auch kein Dissertationsvorhaben aus dem Experimentiertest. Der eigentliche Zugewinn aus diesem Testformat beschränkt sich somit momentan auf die Aussagen in der vorliegenden Untersuchung.

Auf Grund der vorangehenden Betrachtungen kann festgehalten werden, dass der Aufwand für die Vorbereitung, Durchführung und Auswertung des untersuchten Experimentiertests im Vergleich zum effektiv intervenierenden Aufwand für die untersuchte Stichprobe, sowie im Verhältnis zur nachfolgenden Analyse dennoch als gross bezeichnet werden kann. Der tatsächlich geleistete nachbearbeitende Analyseaufwand erschöpft sich indessen im fokussierten Nachvollziehen der gemachten Überlegungen vor der eigentlichen Testkonstruktion und -durchführung. Die Auswertung musste sich im Wesentlichen auf eine quantitative Analyse der erhobenen Daten beschränken, weil der Aufwand für vertiefende qualitative Analysen das Budget der vorliegenden Arbeit bei Weitem überschritten hätte. Interessant wäre freilich eine genauere Kategorisierung der offenen Antwortformate aus den Taskheften. Dazu müssten aber immerhin durchschnittlich 300 Kurztexte in sechs Ausführungen kategorisiert, verglichen und ausgewertet werden. Schon diese Aufgabe würde ein Arbeitsvolumen erzeugen, das für ein eigenständiges Forschungsvorhaben ausreichen würde.

Die gewonnenen Aussagen aus der vorliegenden Untersuchung, nämlich

- Die Schweizer Teilstichprobe hat im Experimentiertest im Vergleich zu Finnland und Deutschland am besten abgeschnitten, gegenüber Deutschland sogar signifikant besser.
- Der Unterschied in der erzielten Leistung im Experimentiertest hinsichtlich Geschlechterzugehörigkeit ist in der Schweiz im Vergleich zu Deutschland und Finnland signifikant grösser: Schweizer Mädchen erzielen tiefere Leistungswerte als ihre Kolleginnen in den beiden anderen untersuchten Ländern
- Auf der Sekundarstufe I der Schweizer Volksschule (Leistungsniveau 2, „Sek") ist der Unterschied zwischen den Geschlechtern hinsichtlich Experimentierfähigkeit signifikant am grössten
- Schultypen in Deutschland und der Schweiz bilden die Leistungsfähigkeit der Schülerinnen und Schüler im Experimentiertest streng proportional ab: Das tiefste Leistungsniveau entspricht den tiefsten Leistungswerten, das höchste Leistungsniveau erzielte die höchsten Leistungen

implizieren, dass in der Schweiz zwar ein allgemein gutes Mass an praktisch – naturwissenschaftlichen schulischen Kompetenzen vorliegen dürfte, dass dieses sich aber stärker auf die männliche Teilpopulation konzentriert. Und dass der schulische Mittelbau mit der grössten Schülerpopulation, nämlich das

Leistungsniveau 2 (in der Schweiz meist: „Sekundarschule“) diese Geschlechterdifferenz sogar ausgeprägt repräsentiert. Was wiederum bedeutet, dass in der Schweiz die lancierten Bemühungen um eine gezielte Förderung von Mädchen und Frauen hinsichtlich Technikunterrichts unbedingt weiter ausgebaut werden müssen.

6. Fazit und Ausblick

Mit der vorliegenden Untersuchung habe ich versucht, einen bescheidenen Beitrag zu leisten in der Frage, wie es um die Kompetenz der Schülerinnen und Schüler des 9. Schuljahres im Hinblick auf die Experimentierfähigkeit im Physikunterricht steht. Dies ist insofern gelungen, als dass die Vergleichswerte hinsichtlich Geschlechterzugehörigkeit und Schultyps in exemplarischem Sinn bezüglich des Experimentiertests im Rahmen des trinationalen Forschungsprojektes QuIP dargelegt werden konnten.

Ebenso konnte aufgezeigt werden, dass sich die Resultate der drei untersuchten Länder im Vergleich zwischen herkömmlichen Wissenstests und dem Experimentiertest unterscheiden. Dies kann als Hinweis darauf gedeutet werden, dass sich der Einsatz unterschiedlicher Testformen lohnen kann. Zumindest in einem Schulsystem wie in demjenigen der Schweiz, wo Wert gelegt wird auf das „Experimentieren als Lerngelegenheit", kann exemplarisch aufgezeigt werden, dass sich diesbezügliche Bemühungen lohnen. Die Leistungswerte aus dem Experimentiertest attestieren der Schweiz ein gutes Kompetenzniveau im Handlungsaspekt „Fragen und Untersuchen", im Vergleich insbesondere mit Deutschland und auch mit Finnland.

Wie es generell um die nachhaltige Erkenntnisgewinnung in naturkundlichem Denken und Können in der Schweizer Schule im Vergleich zu anderen Ländern steht, bleibt in diesem Sinn natürlich ein breites offenes Forschungsfeld. Bedeutsam scheint heute zu sein, dass ein gut fundiertes Wissen über die Grundlagen unserer Zivilisation aus Physik, Chemie und Biologie für ein postmodern aufgeklärtes Verständnis der relevanten Zusammenhänge in dieser Welt als unabdingbar gelten darf. Oder wie sollte sonst ein demokratisches Verständnis von aktuellen Problemen wie dem Ausstieg aus nuklearer Energiegewinnung, den Versprechungen der Gentechnologie oder den Auswirkungen von Pharma – Monopolen etabliert werden können? Anderseits wird zunehmend deutlich, dass sozioökonomische Zusammenhänge in einem Wissenschaftsfeld wie Schulunterricht, das trotz Bestehens seit kaum vorstellbar langer Zeit erst in den Kinderschuhen steckt (die Erziehungswissenschaft gilt erst seit den 80-er Jahren des letzten

Jahrhunderts als etabliert) sich in einer Art auswirken, die Chancengleichheit als leere Floskel erscheinen lässt. Ist etwa zu vermuten, dass Anstrengungen hinsichtlich optimierter Unterrichtsqualität im naturwissenschaftlichen Unterricht sich lediglich in herkömmlich festgefahrenen Strukturen etablieren lassen, dann lässt sich ferner schliessen, dass diesbezügliche Forschungsbemühungen sich zunehmend stärker an bildungssoziologischen Erkenntnissen auszurichten hätten.

Ist so etwas wie Chancengleichheit überhaupt möglich? Insbesondere im Unterricht, oder fokussiert betrachtet im Physik – Unterricht? Es ist in unzähligen Untersuchungen gezeigt worden, dass Mädchen in den naturwissenschaftlichen Schuldisziplinen die schlechteren Leistungen erbringen als ihre gleichaltrigen Kameraden männlichen Geschlechts. Dies könnte unter anderem vermutlich auch daran liegen, dass die naturwissenschaftlichen Disziplinen von Männern begründet worden waren. In der abendländischen Gesellschaft waren alle bedeutenden Entdecker Männer. Und zwar aus sogenannt besseren Verhältnissen stammend. Was wiederum mitunter ein Hinweis darauf ist, weshalb auch heute noch Kinder aus benachteiligten Verhältnissen, die also ihre bildungsarme Herkunft qua Geburt mit auf den Lebensweg nehmen, immer noch schlechtere Schulleistungen erbringen als ihre Schulkollegen aus bildungsnaher Herkunft.

Die exemplarisch dargelegten Ergebnisse aus dem Experimentiertest von QuIP (Abhängigkeit der Leistungen von Geschlecht und Schulleistungstyp) zeigen also nicht wirklich ein neues Bild. Vielmehr reproduzieren sie Erkenntnisse von jahrzehntelanger Forschung bildungssoziologischer Richtung. Es muss darum in zukünftigen Forschungsbemühungen für eine nachhaltige Qualitätsentwicklung des naturwissenschaftlichen Schulunterrichts mitunter auch darum gehen, macht- und genderbedingte Stereotypen im schulischen Kontext aufzuzeigen und *best practice* im Hinblick auf eine gerechtere technische Grundbildung aufzuzeigen.

Auch das ist natürlich keine neue Erkenntnis. Vielmehr soll mit dieser Feststellung ein erziehungswissenschaftlicher Forschungsstrang unterstützt werden, der bereits seit einiger Zeit dieses Manko zu beleuchten versucht.

Künftige Forschungsbefunde aus bildungssoziologischen Erhebungen hinsichtlich Schulleistungserfolges im naturwissenschaftlichen Unterricht mögen präzise darlegen, dass im Schulunterricht

- Gezielte Öffentlichkeits- und Elternarbeit nach wie vor unabdingbar ist
- Strukturelle und inhaltliche Differenzierung sinnvoll sein kann, und dass
- Stereotypisierung bezüglich Vorerfahrung und –wissen gezielt zu thematisieren und zu hinterfragen ist

Eine fokussierte wissenschaftliche Forschungstätigkeit hinsichtlich Gender- und Chancengleichheit im naturwissenschaftlichen Bildungsbereich wird sich mit Sicherheit lohnen. Es wird auch in absehbarer Zukunft ein zunehmender Bedarf an ausgewiesenen Fachkräften und Spezialistentum im Zusammenhang naturwissenschaftlicher Fachbereiche auszumachen sein. Diese Menschen werden dringend benötigt um anstehende globale Probleme zu lösen. Und die dürfen wiederum weder ausschliesslich männlich sein, noch sollten sie einzig aus privilegierten Bevölkerungsschichten stammen. Sonst werden mit einiger Wahrscheinlichkeit folgenschwere Fehler und Machtverhältnisse mit schwerwiegenden Konsequenzen reproduziert.

Als Schulleiter konnte ich eigene Einblicke in einen zeitweise geschlechtergetrennten Unterricht in Physik auf der Sekundarstufe I gewinnen. Die Vorteile, die mir in Erinnerung geblieben sind, liegen auf der Hand:

Die Mädchen waren in einer geschlechtsspezifisch homogenen Lerngruppe viel eher bereit, Fragen zu stellen, in der mündlichen Unterrichtsbeteiligung aus Fehlern zu lernen und ihre Anliegen, Wünsche und unverstandene Probleme zu äussern. An der betreffenden Schule stellte ich fest, dass sich so auch die Prüfungsresultate verbesserten und die resultierenden Zeugnisnoten der Mädchen im Vergleich zu den Knaben markant ausgeglichener waren. Dies könnte als Hinweis darauf gedeutet werden, dass Chancengleichheit nicht immer gleich zu verstehen ist: Ein koedukativer Unterricht ist nicht immer mit gleichen Chancen für beide Geschlechter verbunden. Oder wie es Martin Wagenschein formulierte für den Physikunterricht: „Ich habe im Koedukationsunterricht immer die Erfahrung gemacht: wenn man sich nach den Mädchen richtet, so ist es auch für die Jungen richtig; umgekehrt aber nicht" (Wagenschein 1970, S. 350). Das könnte durchaus auch im Fach Hauswirtschaft oder textiles Gestalten im umgekehrten Sinn eine Tatsache darstellen. Dies wiederum scheint meine eigene Erfahrung in der Beobachtung meiner drei Söhne in deren Schulunterricht zu sein.

Nur – verallgemeinern darf man ein Prinzip des geschlechtergetrennten Unterrichtens in spezifischen Fachbereichen keineswegs. Vielmehr ist wohl ein Unterricht im Wechselspiel zwischen prinzipiell koedukativer Organisationsform und partiell geschlechtergetrennten „Epochen" in gewissen Fachbereichen denkbar. So zum Beispiel im Bereich der Elektrizitätslehre, die erwiesenermassen ein Thema darstellt, das für Mädchen qua tradierten Rollenbildern eine Angst einflössende Materie darstellen kann. In Kenntnis dieser Problematik wäre es vielleicht sinnvoll, gezielt an praktischen Problemstellungen aus dem Bereich „Elektrizität im Alltag" mit den Mädchen so zu arbeiten, dass sie realisieren können, dass es nicht geschlechtsabhängig sein muss, wer im familiären Alltag für Fragen im Zusammenhang mit Elektrizität zuständig ist, sprich: das nötige Wissen hat um sich selbst helfen zu können, wenn eine Lampe defekt ist oder wenn kleinere Montagearbeiten im privaten Umfeld erledigt werden sollen. Und zum Abschluss sei erwähnt, dass vor allem auch die selbstreflexive Haltung von Lehrpersonen, ihre spezifische Sicht und die Vermittlungsweise in Bezug auf Geschlechterrollen entscheidend sind. Aus einer selbstkritischen Perspektive müssen immer wieder Fragen hinsichtlich der Adressierung beider Geschlechter gestellt werden – „nur so können wir den Boden bereiten, auf dem Mädchen und Jungen Wege zur Physik finden" (Labudde 1999, 49).

7. Literatur / Quellen

Aeschlimann, U. (1999). Mit Wagenschein zur Lehrkunst. Dissertation an der Philipps-Universität Marburg/Lahn. Online [URL]: http://archiv.ub.uni-marburg.de/diss/z2000/0391/pdf/z2000-0391.pdf, Zugriff am 22.09.2011.

Bacon, F. (1620). Novum Organum scientiarum (Eine Methodenlehre der Wissenschaften). Übersetzt und hrsg. von A. Th. Brück. Darmstadt 1974.

Benner D., Stępkowski D. (2011). Die Höhle als Metapher zur Beschreibung von Bildungsprozessen – eine Studie zur Transformation von Platons Höhlengleichnis in bildungstheoretisch relevanten Diskursen. In: Zlatkin - Troitschanskaia O. (Hrsg). Stationen Empirischer Bildungsforschung. VS Verlag für Sozialwissenschaften, Wiesbaden 2011.

Benz, A. (2007). Handbuch Governance: Theoretische Grundlagen und empirische Anwendungsfelder. Arthur Benz, Susanne Lütz, Uwe Schimank, Georg Simonis (Hrsg.). Wiesbaden: VS Verlag für Sozialwissenschaften / GWV Fachverlage GmbH.

Berner, H. (1999). Didaktische Kompetenz: Zugänge zu einer theoriegestützten und bildungsorientierten Planung und Reflexion des Unterrichts. Bern, Stuttgart, Wien: Verlag Paul Haupt.

Börlin J. (2008) Posterbeitrag. An: Jahrestagung der Gesellschaft für Didaktik der Chemie und Physik (GDCP), 15.-18.09.2008 an der Pädagogischen Hochschule Schwäbisch Gmünd.

Börlin J., Riegelnig J., Labudde, P. (2009). Experimentieren an finnischen, deutschen und Schweizer Schulen: Auf der Suche nach Unterschieden und Gemeinsamkeiten. Bd. 2009. Münster und Berlin: LIT-Verlag. S. 360–362.

Börlin, J. (in Vorb.). Das Experiment als Lerngelegenheit. Dissertation an der Philosophisch – Naturwissenschaftlichen Fakultät der Universität Basel.

Bruggmann Minnig, M. (2011). Innere Differenzierung im Physikunterricht. Dissertation an der phil. hist. der Universität Basel. Online [URL]: http://edoc.unibas.ch/diss/DissB_9494, Zugriff am 27.12.2011.

EDK (2011). Grundkompetenzen für die Naturwissenschaften. Nationale Bildungsstandards. Schweizerische Konferenz der kantonalen Erziehungsdirektoren. Freigegeben per 16.06.2011. Online [URL]: http://edudoc.ch/record/96787/files/grundkomp_nawi_d.pdf, Zugriff am 28.12.2011.

Ehmke, T. (2009). Bedeutung lernförderlicher Prozesse und Naturwissenschaftsbezogener Einstellungen. In: Prenzel M. und Baumert J. (Hrsg.), Vertiefende Analysen zu PISA 2006. Zeitschrift für Erziehungswissenschaft, 10. Jahrg., Sonderheft 10/2008, S. 129-148. Wiesbaden: VS Verlag.

Frischknecht-Tobler, U., Labudde P. (2010). Beobachten und Experimentieren. In Labudde-Dimmler, Peter (Hrsg.), Fachdidaktik Naturwissenschaft 1.-9. Schuljahr. Bern, Stuttgart, Wien: Haupt Verlag, S. 133–148.

Geller, C., Olszewski, J., Neumann, K., Fischer, H. E. (2007). Unterrichtsqualität in Finnland, Deutschland und der Schweiz: Merkmale der Tiefenstruktur von Physikunterricht und der Zusammenhang zur Leistung. GDCP-Tagung, Essen.

Geller, C., Neumann K., H. E. Fischer (2008). Dissertationsprojekt Geller „Cognitive Activation in Physics Instruction and its Influence on Students' Content Knowledge – Comparing Finland, Switzerland and Germany“, Online [URL]: http://www.uni-due.de/fischer/PDFs/Diss/Geller_Eng.pdf, Zugriff am 30.09.2011.

Geller, C. (in Vorb.). Sequenzierung im Physikunterricht - Eine ländervergleichende Analyse von Mustern und ihren Wirkungen (Arbeitstitel). PhD Thesis, Universität Duisburg-Essen (Deutschland).

Gut Ch., Labudde P., Ramseier E. (2010). Large-scale Experimentiertests: Ansätze zur Analyse von Itemschwierigkeiten. In: Höttecke D. (Hrsg.). Entwicklung naturwissenschaftlichen Denkens zwischen Phänomen und Systematik – Gesellschaft der Didaktik für Chemie und Physik, Jahrestagung in Dresden 2009. Berlin: Lit.

Häussler, P. (2007). Wie lässt sich der Lernerfolg messen? In E. Kircher, R. Girwidz, & P. Häussler (Eds.), Physikdidaktik Theorie und Praxis (249-294). Berlin Heidelberg: Springer.

Jonas-Ahrend, G. (2004). Physiklehrervorstellungen zum Experiment im Physikunterricht. Logos Verlag Berlin.

Kleber, E. W. (1992). Diagnostik in pädagogischen Handlungsfeldern. Weinheim und München: Inventa.

Klieme, E., Warwas, J. (2011). Konzepte der individuellen Förderung. In: Zeitschrift für Pädagogik, 57 (2011) 6 , 805 – 818. Weinheim und Basel: Beltz.

Labudde, P. (1997). Selbständig lernen? Eine Chance für den Physikunterricht. In Labudde, Peter (Hrsg.), Naturwissenschaften im Unterricht Physik. Selbständig lernen: Päd. Zeitschriften bei Fried. In Zusammenarbeit mit Klett, S. 4–9, Heft 37, 8. Jg.

Labudde, P. (1999). Mädchen und Jungen auf dem Weg zur Physik. Naturwissenschaften im Unterricht Physik. Mädchen, Jungen und Physik, 10. Jg., Heft 49, S. 4–10.

Labudde, P. (2007). Developing and Implementing New National Standards in Science Education: The Role of Science Educators. In: Waddington, D.; Nentwig, P.; Schanze, S. (Hrsg.), Making it Possible: Standards in Science Education. Münster: Waxmann, S. 277-301.

LCH (2012). Zürcher Erklärung zu Schulleistungstests. Gemeinsames Positionspapier der Dachverbände der Lehrpersonen Österreichs, Deutschlands und der Schweiz. Online [URL]: http://lch.ch/cms/upload/pdf/Pressemitteilungen/2012/120131_Zuercher Erklaerung_Schulrankings.pdf, Zugriff am 31.01.2012.

Lipowsky, F., Rakoczy, K., Klieme, E., Reusser, K., & Pauli, C. (2005). Unterrichtsqualität im Schnittpunkt unterschiedlicher Perspektiven. In: Schulentwicklung und Schulwirksamkeit, (223 - 238). Weinheim und München: Juventa Verlag.

Neumann, K., Kauertz, A., Lau, A., Notarp, H. & Fischer, H. E. (2007). Die Modellierung physikalischer Kompetenz und ihrer Entwicklung. Zeitschrift für Didaktik der Naturwissenschaften, 13, S. 125-143.

OECD (2007). Kurzzusammenfassung PISA 2006: Naturwissenschaftliche Kompetenzen für die Welt von morgen. OECD Publishing.

OECD (2010). PISA 2009 at a Glance. OECD Publishing.

Ramseier E., Labudde P., Adamina M. (2011). Validierung des Kompetenzmodells HarmoS Naturwissenschaften: Fazite und Defizite. Zeitschrift für Didaktik der Naturwissenschaften, 17. Jg., S. 7–33.

Ruiz-Primo, A., Shavelson, R. (1996). Rhetoric and Reality in Science Assessments: An update. In: Journal of Research in Science Teaching, Vol. 33, No. 10, p.1045 – 1063. John Wiley & Sons, Inc.

Sacher, W. (1996). Prüfen – Beurteilen – Benoten. Bad Heilbrunn: Klinckhardt.

Schaub, H., Zenke K.G. (2007). Wörterbuch der Pädagogik. München: dtv (grundlegend erweiterte und aktualisierte Neuauflage).

Schreiber, N., Theyssen, H., Schecker, H. (2009). Experimentelle Kompetenz messen?! Physik und Didaktik in Schule und Hochschule 3/8, 92-101.

Shavelson R.J., Baxter G., Pine J. (1991). Performance assessment in science. Applied measurements in Education, 4, S. 347 – 362.

Shavelson, R. J., Young, D. B., Ayala, Carlos C., Brandon, P. R., Furtak, E. M., Ruiz-Primo, M., Tomita, M.K., Yin, Y. (2008). On the Impact of Curriculum-Embedded Formative Assessment on Learning: A Collaboration between Curriculum and Assessment Developers. In: Applied Measurement in Education, 21: 4, 295 - 314. Routledge. Online [URL]: http://dx.doi.org/10.1080/08957340802347647, Zugriff am 08.02.2011.

Stebler, R., Reusser, K., et al. (1998). Praktische Anwendungsaufgaben zur integrierten Förderung formaler und materialer Kompetenzen. Schweizerische Zeitschrift für Erziehungswissenschaft, 20, 28-53.

Tesch, M., Duit, R. (2004). Experimentieren im Physikunterricht - Ergebnisse einer Videostudie. Zeitschrift für Didaktik der Naturwissenschaften, Jg. 10, 5169.

Tesch, M. (2005). Das Experiment im Physikunterricht, Didaktische Konzepte und Ergebnisse einer Videostudie. Logos Verlag Berlin.

Wagenschein, M. (1970). Ursprüngliches Verstehen und exaktes Denken. Stuttgart: Klett, 2. Auflage.

Weinert, F. E. (2001). Vergleichende Leistungsmessung in Schulen – eine umstrittene Selbstverständlichkeit. In Weinert, F.E. (Hrsg.), Leistungsmessungen in Schulen. Weinheim: Beltz.

8. Anhang

Anhang 1 – S. 93

CKPT (*Content Knowledge Paper Test*), eingesetzt im Rahmen der Wissensstanderhebungen im Prä- und im Posttest von QuIP.

Anhang 2 – S. 101

Exemplarisch ausgewählte Schülerantwort eines Mädchens anlässlich der ersten Pilotierung des Experimentiertests, Quelle: Johannes Börlin.

Anhang 1

Content Knowledge Paper Test CKPT, Schweizer Testversion

(Quelle: Cornelia Geller, Universität Duisburg – Essen; vgl. Geller in Vorb.)

QuIP

Quality of Instruction in Physics

Testheft A
Fachwissen

Schweiz

☐-☐-☐☐-☐☐-☐☐

n|w Fachhochschule Nordwestschweiz
Pädagogische Hochschule

PHBern
Pädagogische Hochschule

JYVÄSKYLÄN YLIOPISTO
University of Jyväskylä

UNIVERSITÄT
DUISBURG
ESSEN

3205649526

Liebe Schülerin, lieber Schüler,

mit diesem Test möchten wir etwas über Dein Wissen in Physik erfahren.

Bitte beachte noch einmal die folgenden allgemeinen Punkte:

- Verwende einen dunklen Stift (schwarz oder blau).
- Es gibt Fragen mit Antworten zum Ankreuzen…
  - Bei jeder Frage ist angegeben, ob ein oder zwei Antworten richtig sind.
  - Falsch angekreuzt: Feld ganz ausmalen und neues Feld ankreuzen.
- …und Fragen, bei denen Ihr selbst eine Antwort aufschreibt.
  - Bitte deutlich schreiben!
- Aufgaben genau lesen!

Bitte beachte außerdem für diesen Test die folgenden Punkte:

- Du hast 20 Minuten Zeit.
- Es kann es sein, dass Ihr Aufgaben nicht behandelt habt und sie darum nicht beantworten könnt: **Dies macht nichts!** Diese Aufgaben überspringen und am Ende, wenn Ihr noch Zeit habt, darauf zurück kommen.
- Wir beantworten keine Fragen.

Akku

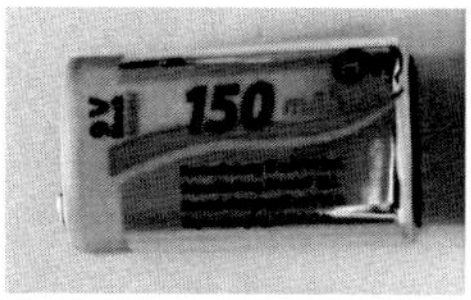

Auf einem 9-Volt-Akku findet man die Angabe „150 mAh". Das bedeutet, dass dieser Akku 10 Stunden lang einen Strom von 15 mA aufrecht erhalten kann.

1. Welche Größe wird in Volt angegeben?

Kreuze bitte <u>eine</u> Antwort an.

- ☐ Elektrische Spannung
- ☐ Elektrische Leistung
- ☐ Elektrischer Widerstand
- ☐ Elektrische Ladung

2. Wie viel Energie speichert der geladene Akku?

Kreuze bitte <u>eine</u> Rechnung an.

- ☐ $\frac{15\,\text{mA} \cdot 10\,\text{h}}{9\,\text{V}} = 16{,}7\,\text{mWh}$
- ☐ $9\,\text{V} \cdot 10\,\text{h} = 90\,\text{mWh}$
- ☐ $9\,\text{V} \cdot 15\,\text{mA} = 135\,\text{mWh}$
- ☐ $9\,\text{V} \cdot 15\,\text{mA} \cdot 10\,\text{h} = 1350\,\text{mWh}$

3. Wenn der Akku nach 10 Stunden keinen Strom mehr liefert, was lässt sich dann über die Energie sagen, die vorher in ihm gespeichert war?

Kreuze bitte <u>eine</u> Antwort an.

- ☐ Die Energie wurde aufgebraucht und existiert nicht mehr.
- ☐ Die Energie wurde in andere Energieformen umgewandelt, bleibt aber insgesamt erhalten.
- ☐ Die Energie wurde in Wärme umgewandelt, daher existiert sie nicht mehr.
- ☐ Die Energie wurde vom einen Ende des Akkus zum anderen transportiert und steht nach einer gewissen Zeit wieder zur Verfügung.

4. **Statt 15 mA fließen nun 30 mA. Wie lange kann der Akku dann Energie liefern?**

Kreuze bitte eine Antwort an.

- ☐ 5 Stunden, weil die Energie schneller umgewandelt wird.
- ☐ 10 Stunden, weil die Energie pro Zeit konstant bleibt.
- ☐ 15 Stunden, weil die Energie langsamer umgewandelt wird.
- ☐ 20 Stunden, weil mehr Energie zur Verfügung steht.

Energiesparlampe

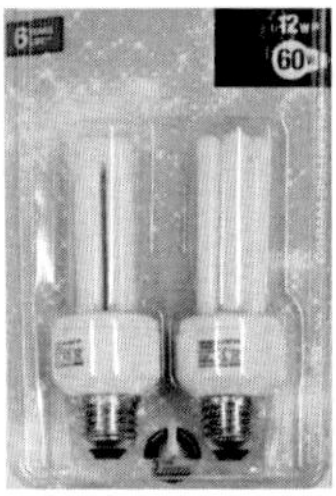

Energiesparlampen sind eine Möglichkeit, mit Energie sparsam umzugehen. Auf der Verpackung einer Energiesparlampe findest du den Aufdruck 12 Watt. Außerdem steht dort, dass diese Lampe genauso hell leuchtet wie eine herkömmliche Glühlampe mit einem 60 Watt Aufdruck. Auf der Rückseite ist angegeben, dass man mit dieser Lampe 80% Energie spart.

1. **Eine Glühlampe gibt Energie in Form von Strahlungsenergie ab.**

   Welche Objekte geben ebenfalls Strahlungsenergie ab?

   Nenne bitte ein weiteres Beispiel.

   ____

2. **Warum spart die Energiesparlampe mit 12 Watt genau 80 % der Energie im Vergleich zu der herkömmlichen Glühlampe mit 60 Watt?**

   Schreibe bitte eine Rechnung auf, mit der sich diese Angabe bestätigen lässt.

   ____

   ____

8555649529

3. Wie spart die Energiesparlampe Energie, wenn sie genauso hell leuchtet wie eine herkömmliche Glühlampe?

Kreuze bitte eine Antwort an.

Die Energiesparlampe benötigt...

- ☐ weniger Energie, weil in ihr zusätzliche Energie erzeugt wird.
- ☐ weniger Energie, weil sie weniger Energie in Wärme umwandelt.
- ☐ mehr Energie, spart aber, weil sie ungenutzte Energie wieder ins Stromnetz zurückgeben kann.
- ☐ mehr Energie, spart aber, weil sie die Energie langsamer verbraucht.

4. Welche weiteren Möglichkeiten neben dem Einsatz von Energiesparlampen kennst du, um im Haushalt elektrische Energie zu sparen?

Nenne bitte eine weitere Möglichkeit:

____

5. Wie lässt sich der Strom durch die Energiesparlampe berechnen, wenn sie leuchtet?

Kreuze bitte eine Rechnung an.

- ☐ $I = \frac{P}{U} = \frac{12W}{230V} \approx 52\ mA$
- ☐ $I = P \cdot U = 12W \cdot 230V \approx 2{,}7kA$
- ☐ $I = \frac{U}{P} = \frac{230V}{12W} \approx 19{,}2A$
- ☐ $I = P + U = 12W + 230V \approx 242A$

6. Wie groß sind die Kosten in einem Jahr (365 Tage), wenn die Energiesparlampe mit 12 Watt pro Tag 8 Stunden in Betrieb ist? Der Preis einer Kilowattstunde beträgt 25 Rappen.

Schreibe deine Rechnung bitte hier auf.

____

____

Handmixer

Auf einem Handmixer findet sich die Bezeichnung „450 Watt“. Der Handmixer nutzt elektrische Energie, die zum größten Teil in Bewegungsenergie umgesetzt wird.

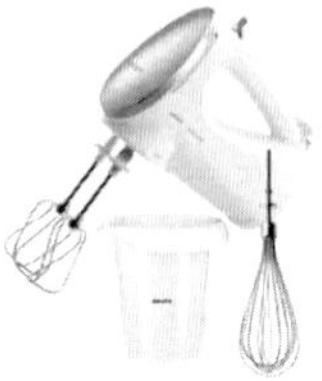

1. **Welche physikalische Größe wird in Watt angegeben?**

   Kreuze bitte eine Antwort an.

   ☐ Arbeit
   ☐ Energie
   ☐ Leistung
   ☐ Kraft

2. **Beim Handmixer wird die benötigte elektrische Energie nicht nur in Bewegungsenergie umgewandelt. Welche andere Energieform entsteht bei der Umwandlung im Gerät?**

   Kreuze bitte eine Antwort an.

   ☐ Lageenergie
   ☐ Kernenergie
   ☐ Chemische Energie
   ☐ Wärmeenergie

3. **Der Handmixer ist 0,1 Stunde in Betrieb. Wie lässt sich die Energie berechnen, die dabei umgewandelt wird?**

   Kreuze bitte eine Antwort an.

   ☐ $E = \frac{t}{P} = \frac{0{,}1\,h}{450\,W} = 0{,}22\frac{h}{kW}$

   ☐ $E = \frac{P}{t} = \frac{450\,W}{0{,}1\,h} = 4{,}5\frac{kW}{h}$

   ☐ $E = P \cdot t = 450\ W \cdot 0{,}1\,h = 0{,}045\ kWh$

   ☐ $E = P = 0{,}45\ kW$ gilt unabhängig von der Betriebsdauer

Bauaufzug

Bei Arbeiten an einem Haus wird ein Bauaufzug verwendet, um schwere Lasten nach oben zu transportieren.

Ein Zementsack kann mit dem Bauaufzug in einer Minute in die dritte Etage gehoben werden.

1. Der Bauaufzug wird mit einem Elektromotor betrieben. Welche Energieformen werden bei einem Elektromotor ineinander umgewandelt?

Kreuze bitte eine Antwort an.

- ☐ Bewegungsenergie → Elektrische Energie
- ☐ Chemische Energie → Elektrische Energie
- ☐ Elektrische Energie → Bewegungsenergie
- ☐ Elektrische Energie → Chemische Energie

2. Einem Bauarbeiter fällt der Zementsack aus der dritten Etage herunter. Beim Aufprall auf den Boden zerplatzt der Zementsack. Was geschieht dabei mit der Energie des Zementsackes?

Kreuze bitte eine Antwort an.

- ☐ Die Energie wird komplett auf den Boden übertragen.
- ☐ Die Energie wird in andere Formen umgewandelt.
- ☐ Es entsteht zusätzliche Energie.
- ☐ Die Energie wird teilweise vernichtet.

3. Bei einem Transport werden drei Zementsäcke befördert. Dabei soll die gleiche Arbeit aufgewendet werden wie bei dem Transport eines Sackes in den dritten Stock. Bis zu welcher Etage können die drei Säcke angehoben werden?

Kreuze bitte eine Antwort an.

- ☐ Bis zur ersten Etage, da pro Zementsack dann nur ein Drittel der Höhe erreicht werden.
- ☐ Bis zur dritten Etage, da die Arbeit unabhängig von der Masse ist.
- ☐ Bis zur sechsten Etage, da dann pro Zementsack doppelt so viel Energie zur Verfügung steht.
- ☐ Bis zur neunten Etage, da beim zweiten Transport die dreifache Masse befördert wird.

4. Welche Größen musst du kennen, damit du die Leistung eines Bauaufzugs bestimmen kannst, der Zementsäcke nach oben transportiert?

Kreuze bitte <u>eine</u> Antwort an.

- ☐ Die Masse, die die Zementsäcke besitzen, und die benötigte Arbeit.
- ☐ Die Höhe, bis zu der sie angehoben werden, und die Masse der Zementsäcke.
- ☐ Die Zeit, die zum Anheben benötigt wird, und die erreichte Höhe.
- ☐ Die Arbeit, die beim Anheben aufgewendet wird, und die benötigte Zeit.

5. Wie hängen die Begriffe Arbeit und Energie zusammen?

Kreuze bitte **<u>zwei</u>** Antworten an.

- ☐ Ein Körper benötigt Energie, damit er Arbeit verrichten kann.
- ☐ Wenn Arbeit verrichtet wird, wird Energie von einer Form in eine andere umgewandelt.
- ☐ Ein Körper, der Energie besitzt, verrichtet Arbeit.
- ☐ Arbeit ist eine Energieform, die ein Körper speichern kann.

Anhang 2

Schülerantwort (Pilotierung)

Task SP (Sparlampe)

- Es scheint, dass Experimente mit Elektrizität grundlegende Unterschiede zwischen den Geschlechtern zeigen.

7 Durch welche Beobachtung lässt sich erklären, dass die Sparlampe im Vergleich zur gleich hellen Glühlampe mit viel weniger elektrischer Energie pro Tag auskommt?

i weis es nicht

1.) Ich fand es nicht so gut vorallem das Watt zeug. ich finde das experiment eignet sich nicht für Mädchen.

2.) ~~da~~ da mit den Watt war schwierig

3.) nichts

4.) Das Experiment nur mit Knaben durchführen und nicht mit Mädchen.

9. Verzeichnis der Abbildungen

10. Tabellenverzeichnis